景文◎编著
Jingwen Bianzhu

给忍耐一个目标

——即时给自己一个奋斗下去的理由

GEIREN
NAIYIGE
MUBIAO

让成功时刻保持看得见、够得着的状态

当代世界出版社

图书在版编目（CIP）数据

给忍耐一个目标／景文编著．—北京：当代世界出版社，2011.7
ISBN 978-7-5090-0757-0

Ⅰ．给… Ⅱ．景… Ⅲ．人生哲学—通俗读物 Ⅳ．B821-49

中国版本图书馆 CIP 数据核字（2011）第 132042 号

书　　名：	给忍耐一个目标
出版发行：	当代世界出版社
地　　址：	北京市复兴路 4 号（100860）
网　　址：	http://www.worldpress.com.cn
编务电话：	(010) 83907528
发行电话：	(010) 83908410（传真）
	(010) 83908408
	(010) 83908409
	(010) 83908423（邮购）
经　　销：	新华书店
印　　刷：	三河市鑫利来印装有限公司
开　　本：	710 毫米×1000 毫米　1/16
印　　张：	19
字　　数：	300 千字
版　　次：	2011 年 9 月第 1 版
印　　次：	2011 年 9 月第 1 次
印　　数：	7000 册
书　　号：	ISBN 978-7-5090-0757-0
定　　价：	39.80 元

如发现印装质量问题，请与承印厂联系调换。
版权所有，翻印必究，未经许可，不得转载！

前　言

要忍耐，不要忍受

——只有忍耐是不够的

有人说，人生要耐得住寂寞。是的，在还没有成功之前，绝大多数成功者都要过上一段寂寞的日子，于是，忍耐也就成了成功人生的一门必修课。但是，要我们寂寞到什么时候呢？是一年，两年？还是永远寂寞呢？寂寞的过于长久，就会抑郁，就会有精神问题；忍耐得过于长久，忍耐就会变成一种习惯，就变成了忍受，我们前进的动力，就会在漫无边际的忍耐中渐渐消耗殆尽。这样，我们就彻底失去了忍耐的初衷，忍耐也随之失去了意义。

如果问出租车最易发生车祸事故是在什么时候，人们会根据自己的想像给出五花八门的答案。但是，统计数据给出的正确答案却有点出人意料，答案是：没有乘客的时候。

因为有乘客的时候，司机有目标，他就会全神贯注地驾驶，同时想方设法尽快到达目的地；而没有乘客的时候，他是盲目的，走到十字路口左转还是右转，他会犹豫不定，同时左顾右盼精力分散。当人们看不见目标时，所有为实现目标所做的努力对他们来说都是一种折磨，而这种痛苦会让人们失去最初的热情度、自信心和忍耐力，会让人们跌倒在奔向目标的路上。

1952年7月4日的清晨,加利福尼亚海岸被一片浓雾所笼罩。在海岸以西21英里的卡塔林纳岛上,34岁的费罗伦丝·查德威克跳入了太平洋,开始向加州海岸游去。此前,查德威克已经成功地游过了英吉利海峡,是完成这一壮举的第一位女性。

时间一分一秒地流逝,她一直不停地游着。15个小时后,她实在是又冷又累,除了茫茫的大雾,看不到任何东西,于是她决定不再往前游了。但是,在她上船之后才发现,其实她离加州海岸只有不到半英里!

后来她遗憾地说:"令我中途放弃的不是疲劳,也不是寒冷,而是因为我在浓雾中看不见目标。"

遥远的目标会让人失去激情,因此,"跳一跳,够得着",就是最好的目标!这种目标既让人毫不费力地轻易达到,又让人有机会体验到成功的欣慰,不至于望着高不可攀的目标而失望。

忍耐并不是人生的全部,也不是我们的终极追求。我们要的是通过忍耐,达到成功的目的。所以说,人生需要忍耐,但只有忍耐是不够的,我们要的是,给每一段忍耐以一个明确的目标!

景 文
2011年4月于北京

目 录

001. "跳一跳，够得着"是最好的目标/1
002. 有追求，生活才有意义/3
003. 人们缺少的不是才能，而是缺少目标/5
004. 宽容的是别人，解放的是自己/7
005. 像富人一样思考/9
006. 不善控制情绪，就会葬送你的未来/11
007. 不要为节省小钱而牺牲健康/13
008. 既不纵容自己，也不委屈自己/15
009. 随意的礼物是对他人的不尊重/17
010. 在绝望中，也要给自己一个希望/19
011. 你付出什么，才有权利要求什么/21
012. 与其盲目地执著，不如明智地放弃/23
013. 耐心成就一切/25
014. 使对方陷入与你一样无法全身而退的困境/27
015. 与初识的人不要太过谦卑/29
016. 成功与失败之间，只差这么一点点/31
017. 把受挫看成是一段中场休息/33
018. 行动要远远难于思考/35
019. 让人们对你永怀期待/37
020. 没有目标，你哪都去不了/39
021. 仅有梦想还远远不够/41
022. 利用业余时间把自己变得更优秀/43
023. 你一辈子可以不成功，但不能一辈子不成长/45
024. 不要过分迷信权威/47
025. 你要有自己的圈子/49
026. 你一定要有自己的主见/51
027. 流言止于智者/53
028. 我们期待什么，就能得到什么/55
029. 你对他人的恩情，会成为别人的负担/57
030. 先让自己成为传奇，然后再去张扬个性/59
031. 成由勤俭败由奢/61

032. 有的时候，发牢骚有益健康/63
033. 积极的心态比外表更重要/65
034. 在虚拟的世界里，不会得到真正的快乐/66
035. 学习的能力决定了生存的状态/67
036. 学会低头是一种智慧/69
037. 拒绝是一门艺术/71
038. 熟悉的地方没有风景/73
039. 控制力越强，压力就越小/75
040. 合作是为了更好地生存/77
041. 有机会，更要有利用机会的能力/79
042. 成功需要的仅仅是勇敢的行动/81
043. 与其嫉妒他，不如超越他/83
044. 为了别人，善良的人总是选择自己忍耐/85
045. 不要让被帮助的人有接受施舍的感觉/87
046. 我们要解决的不是压力，而是对待它的方式/89
047. 挫折只是命运的附属品/91
048. 成功是一种心理习惯/93
049. "酸葡萄心理"的积极作用/95
050. 勿因自身的优势而忘乎所以/97
051. 藏巧于拙，用晦如明/99
052. 同时有两个以上的目标，就等于没有目标/101
053. 小的胜利会激励你赢得大的成功/103
054. 模糊不清的目标不是目标/104

055. 远离流言，独善其身/106
056. 不失望就会有希望/108
057. 为明天担忧的人，他永远都是痛苦的/110
058. 目标明确，过程也是快乐的/112
059. 将帽子扔过墙去/114
060. 抓住离你最近的目标/116
061. 大目标是小目标不断累积的结果/118
062. 有限的目标造就有限的人生/120
063. 知难而退也是一种智慧/122
064. 别给自己留退路/124
065. 相信梦想，等待另一个春天/126
066. 期望是一种永恒的动力/128
067. 尽快从痛苦中脱身/130
068. 专注就是高效/132
069. 用调换工作的方法休息/134
070. 忍耐的程度决定于目标的大小/136
071. 不要以自己的喜好来评价别人/138
072. 可以没有成功，但不能没有目标/140
073. 目标要可量化，才有可达成性/142
074. 嗜好是一种理想的休养方式/144
075. 忍耐今天的低头，是为了他日的出头/146
076. 逆境中，有时我们会超常发挥/148
077. 无论成功的大小，都会让你更加自信/150

078. 不完美其实也是一种美/152

079. 工作是谋生的手段，爱好是一种休闲方式/154

080. 让理智战胜情感/156

081. 一个人的希望有多大，他的成就才有多大/158

082. 给忍耐一个目标/160

083. 让信念唤醒潜能/162

084. 接受事实是克服任何不幸的第一步/164

085. 相信自己的判断，要有敢于质疑权威的勇气/166

086. 忘却是一种选择性的放弃/168

087. 不只谋求今天的发展，还要能预见未来走势/170

088. 梦想要远大，但目标要具体/172

089. 要在绝望中看到希望/174

090. 用生气的方式解决不了问题/176

091. 与成功者合作/178

092. 给目标设定一个期限/180

093. 想像力统治全世界/182

094. 每个人都有别人无法取代的优势/184

095. 苦难出卓越/186

096. 把强烈的期望变成行动的目标/188

097. 为证明自己而还击别人的想法是愚蠢的/190

098. 没有自己的想法，便会俯仰由人/192

099. 下定决心，直到成功/194

100. 一个善于反省的人，是不可战胜的/196

101. 成功偏爱有准备的人/198

102. 别拿缺陷当你不成功的借口/200

103. 见好就收，是一种智慧的选择/202

104. 过于遥远的目标会让人失去激情/204

105. 实际情况与理想的标准永远都不相符/206

106. 幸运源于爱心的馈赠/208

107. 能承担多大的责任，方能成就多大的事业/210

108. 利用好每一点点时间，就是对生命的经营/212

109. 你的人生是由你自己决定的/214

110. 四处出击，不如逐个击破/216

111. 不受第二次伤害/218

112. 行善的目的不是为了让人感恩/220

113. 杂念太多会让努力偏离方向/222

114. 有目标的人会更健康/224

115. 少接触消极的人，多跟成功的人在一起/226

116. 只有自己才能拯救自己/228

117. 为了得到更多，我们需要忍耐/230

118. 别让自己活的太累/232

119. 太多的选择反而让你无所适从/234

120. 新生活是从确定目标开始的/236

121. 世上只有绝望的人，没有绝望的处境/238

122. 犹豫不决，会使你丧失最佳的选择/240
123. 成功就在于坚持/242
124. 自私的人总以自己的喜好去安排别人的生活/244
125. 在行动中调整目标的方向/247
126. 首先解决眼前问题/249
127. 丧失对生活的热情是最糟糕的破产/251
128. 喜欢自己才会拥抱生活/253
129. 按部就班是实现目标的惟一做法/255
130. 每天进步一点点/257
131. 只有经济独立，才有真正的自由/259
132. 淡泊苦难/261
133. 在无奈时，我们忍耐/263
134. 不绝望就会有转机/265
135. 自我激励比他人的激励更有效/267
136. 你的想法便决定了你的一生/269
137. 自信是成功的第一秘诀/271
138. 没有目的地，你永远无法到达/273
139. 与其羡慕别人，不如发现自己的幸福/275
140. 不要让目标超过忍耐的极限/277
141. 忍耐是一种智慧的坚持/278
142. 看到努力的成果，体验成功的快乐/280
143. 一支铅笔的启示/282
144. 要不断建立后续目标/284
145. 人生要耐得住寂寞/286

001

"跳一跳，够得着"是最好的目标

俄国著名生物学家巴甫洛夫在临终前，有人向他请教如何取得成功，他的回答是："要热诚而且慢慢来。"他解释说"慢慢来"有两层含义：一是做自己力所能及的事；二是在做事的过程中不断提高自己。也就是说，既让人毫不费力地轻易达到目标，又让人有机会体验到成功的欣慰，不至于望着高不可攀的目标而失望。因此"跳一跳，够得着"，就是最好的目标。

鲁冠球创立万向集团时，目标非常简单：改变一辈子当农民的命运，要当工人。二十年后，万向的企业目标改成了"奋斗十年加个零"（即企业利润10倍）。柳传志创办联想时只有两个目的，用他自己的话说："一个是能养活自己，另一个是在当时的中科院没有事干，找个能干事的地方。"当企业发展到一定程度的时候，这样的目标已不可能凝聚一批人，于是联想提出了新的做大做强的目标。无论是万向还是联想，它们都在自己不同的发展阶段制定了一个"跳一跳，够得着"的目标，并在这个过程中不断地做强做大了。

在心理学中，有一个著名的理论，那就是"跳起来摘苹果"。通过研究发现，一些人习惯于实现更高的人生目标，好比去摘那些需要跳起来才能摘到的"苹果"。而另一些人则只是采摘那些伸手可及的苹果。前者所取得的成功，往往会大于后者。

因为太难和太容易的事，都不容易激起人的兴趣和热情，只有比较难的事，才具有一定的挑战性，才会激发人们充满热情的行动。目标是现实行动的指南，如果低于自己的水平，做些不能发挥自己能力的事情，则不具有激励价值；但如果高不可攀，拿不出一项切实可行的计划来，不能在一两年内明显见效，则会挫伤人的积极性，反而起消极作用。

忍耐的智慧

"跳一跳，够得着"，就是最好的目标。既让人毫不费力地轻易达到目标，又让人有机会体验到成功的欣慰，不至于望着高不可攀的目标而失望。

有追求，生活才有意义

2003年，海明威的朋友——世界名著《老人与海》的主人公原形走完了104岁的人生旅程。互联网上有27家网站都发布了这样一张公告：

"有个人，几乎什么都有：论地位，他是享誉世界的大师级人物；论荣誉，他是诺贝尔奖获得者；论金钱，他的版税在他成名之前就已使他成了富翁；论爱情，几乎每一个女人都喜欢他，都愿意向他奉献一切。他享有充分的自由，他爱到哪儿旅游就到哪儿旅游，哪怕是敌对的国家。总之，他是一个令世人非常羡慕的人。可是，在他获奖后不久，却用猎枪结束了自己62岁的生命。而一个靠出海打鱼一生的渔夫，却悠然地颐养天年。请问为什么一个拥有一切的人选择了死亡，而一个一无所有的人却选择了活着？假如你已经知道了答案，请发给我们，我们愿把它刻在这位诺贝尔奖获得者的墓碑上，因为他的墓碑至今还空着。"

成千上万的网民踊跃回应。主办者从中选出3个代表作：

①一个人一旦在自己所从事的领域中达到了顶峰，就会有一种空

前的寂寞感，这种寂寞感所带来的迷茫和绝望会把他送进天堂。

②成功也是一件非常可怕的事，人人都追求成功，其实成功的背后往往隐藏着魔鬼，而失败的背后才有一个救命的天使。

③无话可说。

热闹一阵之后，某渔夫公布了海明威的朋友去世前一天写给他并请之代刻在墓碑上的信件：人生最大的满足不是对地位、收入、爱情、婚姻、家庭生活的满足，而是对自己的满足。

一个人实现了所期望的目标后，若要继续维持先前的激情和冲劲，那就得立即再定下一个足以让自己心动的目标，如此，才可以使他先前实现目标的兴奋心情不落痕迹地注入到另一个新目标上，让他能够继续成长下去，而绝不是安于现状。如果你在一个平庸的职位上得到了不错的薪水，就会缺乏向更高位置努力的动力，那是非常危险的，因为你的进取心开始逐渐消磨。虽然你有能力做得更好，但是因为你满足于现状，所以你也许永远都只能原地踏步，从而使你很难再取得大的成绩。

如果你没有后续目标，那么，前一个目标的实现就长远的观点来看，未必是好事。许多人之所以活得那么有劲，就在于他们有个值得为之奋斗的目标。当前一个目标实现后却没有更高的期望，这会使人觉得内心非常空虚，人生变得没有意义。

忍耐的智慧

成功的背后往往隐藏着魔鬼，而失败的背后才有一个救命的天使。

003

人们缺少的不是才能，而是缺少目标

1952年7月4日的清晨，加利福尼亚海岸被一片浓雾所笼罩。在海岸以西21英里的卡塔林纳岛上，34岁的费罗伦丝·查德威克跳入了太平洋，开始向加州海岸游去。此前，查德威克已经成功地游过了英吉利海峡，是完成这一壮举的第一个女性。而现在，查德威克又在挑战一项新的世界记录。要是她今天横渡成功，她也将是第一个游过卡塔林纳海峡的妇女。这天，各大新闻媒体都赶到现场进行报道，人们也都通过电视在关注这次新的壮举。

那天早晨天气不太好，海水冻得她全身发麻。有几次，鲨鱼靠近了她。护送人员发现后，立即开枪将鲨鱼吓跑。其实，查德威克并不担心鲨鱼，体力也不成问题，但她有一个大麻烦：她是在弥漫的大雾中游泳，几乎看不清护送她的船只，这让她感觉少了点什么，心里有点发虚。

时间一分一秒地流逝，她一直不停地游着。15个小时后，她实在是又冷又累，决定不再往前游了，就喊人拉她上船。她的母亲和教练

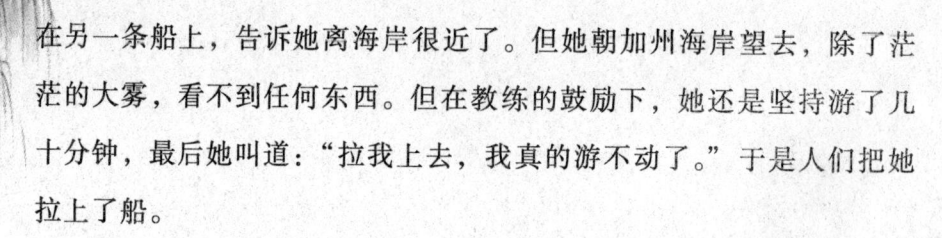

在另一条船上，告诉她离海岸很近了。但她朝加州海岸望去，除了茫茫的大雾，看不到任何东西。但在教练的鼓励下，她还是坚持游了几十分钟，最后她叫道："拉我上去，我真的游不动了。"于是人们把她拉上了船。

其实，很遗憾，她上船的地点，离加州海岸只有不到半英里！这也是她一生中惟一的一次没有坚持到底。

上岸几个小时后，查德威克的身体渐渐暖和，并从疲劳的状态中恢复过来，这时她才开始为自己的失败感到沮丧。她在接受记者采访时说："说老实话，我不是在为自己找借口，假如当时我看见陆地，也许就能坚持下来了。令我中途放弃的不是疲劳，也不是寒冷，而是因为我在浓雾中看不见目标。"

两个月后，查德威克卷土重来，再次横渡卡塔林纳海峡。这次她获得了成功。她不但是游过卡塔林纳海峡的第一个女性，而且比男子的记录还快了两个小时。

忍耐的智慧

现实中，我们做事之所以会半途而废，往往不是因为事情难度太大，而是我们觉得成功离自己太远。确切地说，我们不是因为失败而放弃，而是因为看不见目标而失败。

004

宽容的是别人，解放的是自己

韩国总统金大中正式就职后，公开在总统府招待了曾经迫害过他的4位前任韩国总统。他以具体行动化解了政治仇恨，展现了伟大的待人之道。在轰动一时的光州大审中，他曾被政府判处死刑，当时他曾立下遗嘱，要求他的家人和同志不要报仇，让政治迫害到此为止。他宽广的心胸、高尚的情操不但使他成为韩国历史上有口皆碑的总统，而且还让世人领略了一个伟大领导人的风范。

宽容是一种美德，但是宽恕伤害自己的人确实不是一件容易做到的事，要把怨气甚至仇恨从心里驱赶出去，的确是需要极大的勇气和胸襟。其实，一个人的心如同一个容器，只有心中充满爱的人，才能用越来越多的爱，把仇恨排挤出去。

曾经有3个美军退役士兵站在华盛顿的越战纪念碑前，其中一个问道："你已经宽恕了那些抓你做俘虏的人了吗？"第二个士兵回答："我永远不会宽恕他们。"第三个士兵评论说："这样，你仍然是一个囚徒。"

南非的民族斗士曼德拉，因为领导反对白人种族隔离政策而入狱，白人统治者把他关在荒凉的大西洋小岛罗本岛上27年。罗本岛位于离开普敦西北方向7英里的桌湾，岛上布满岩石，到处都是海豹和蛇及其它动物。曼德拉被关在总集中营一个"锌皮房"里，他每天早晨排队到采石场，然后被解开脚镣，下到一个很大的石灰石田地，用尖镐和铁锹挖掘石灰石，有时从冰冷的海水里捞取海带。因为曼德拉是要犯，专门看押他的就有3个人。当1991年曼德拉出狱当选总统以后，他在总统就职典礼上的举动震惊了世界——他恭敬地向那3个曾看押他的看守致敬。这使在场的所有来宾以致整个世界，都静下来了。曼德拉博大的胸襟和宽宏的精神，让南非那些残酷虐待了他27年的白人汗颜。

宽恕了别人，提升了自己。曼德拉是这样描述他获释出狱的当天的心情："当我走出囚室，迈过通往自由的监狱大门时，我已经清楚地认识到，自己若不把悲痛与怨恨抛在身后，那么我其实仍在狱中。"

忍耐的智慧

宽容是一种美德，更是一种修养。如果不把悲痛与怨恨抛在身后，那么你永远是一个囚徒。

005

像富人一样思考

你的父母是不是富人不重要，重要的是你是否把自己看作是一个富人，是否从小就像富人一样去思考问题，去培育自己的账务智慧和能力。成功的企业家或投资人都深信自己会致富，即使他们口袋里只剩下一块钱，他们仍然相信自己还有东山再起的能力，还可以重新致富。你越早具备这种致富的信念和意愿，你就会越早拥有财富，也会越具有更强的生存能力。

1989年带着4000元钱从安徽南下深圳的史玉柱，与成千上万怀揣同样数量金钱南下者的最大区别，显然是他与众不同的头脑。绝大多数与史玉柱处境相似的南下者，都是匆忙为自己找一份维持生存的工作，他们被自己只能给别人打工的思维所限制，所以每年赚的钱通常也只能满足他们的日常消费。

史玉柱脑子里的观念并没有被他身上的几千元钱所束缚，他的思考格局仍然像企业家一样。他虽然每天也只能吃方便面，但是却始终没有放弃自己创业的梦想。几年后，他竟然成了亿万富翁。1997年，他领导的巨人集团遭遇了一次毁灭性的失败，一下子欠了别人两亿多元的债务，他再次变得身无分文。虽然他失去了亿万财富，但是他亿万富翁的心态和思考方式却没有丢失。两三年之后，他领导的健特公司再次崛起于上海，他推出的脑白金也再次为他赚进了亿万财富。

穷人之所以穷，首先是因为他们具有贫穷的观念，或者说他们不具备如何增加财富的知识，也从没有真正下决心去掌握这方面的能力。

头顶同样的蓝天、脚踏同样的大地，一样的政策、一样的条件，为什么富人月赚万元乃至数十万元，穷人却长期徘徊在温饱线上？

钱究竟从那里来？成功的奥秘在哪里？许多人百思不得其解。

钱来源于头脑，钱会往有头脑的人的口袋里钻，正所谓：脑袋空空口袋空空，脑袋富有口袋富有。穷人与富人的最大差别是脖子以上的部分。穷人长期走入赚钱的误区，穷人一想到赚钱，就说，工资太低了，明天再找个工资高的公司，要不就去干别的……他不会利用自己的才能去创造更多的财富，一心只想着怎么给别人打工。富人一想到赚钱就想到开工厂、开店铺、开公司，他们会为了怎样管理而绞尽脑汁，会为用什么样的人而左思右想。富人明白劳心者治人，劳力者治于人的道理。

穷人的想法不突破，就抓不住许多摆在面前的新机遇。仔细想一想，其实成功与失败、富有与贫穷只不过是一念之差。

忍耐的智慧

所谓站得高，才能看得远。如果你的思维只被眼前的生计所限制，那么你一辈子都只能是为温饱而奔忙。

006

不善控制情绪，就会葬送你的未来

当我们情绪极度不好时，就容易说错话、做错事，甚至会做出一些令自己终生后悔的事情。任何人都会有情绪不好的时候，问题的关键不在于不让坏情绪出现，而在于能够快速摆脱坏情绪，不要让自己长时间置身于恶劣的情绪之中。

迪克·托福勒是个传奇人物，他有明确的目标，白手起家创办了一家工业软片公司，有10名雇员。员工都钦佩他的聪明才智，却又都讨厌他的个性和脾气。当工业软片业务不好时，托福勒开始与电视台合作制作电视片。当双方在任用一名导演的问题上发生分歧时，托福勒不善于与电视台主管相处和沟通的缺点就充分暴露出来。他对自己的情绪不予控制，当众斥责导演，用对立的口气与电视台的领导人说话。结果，电视台在这件事情的10天之后，结束了与他的合作，并且表示永远不再与托福勒这种人做生意。

由于公司创业初期的前5年是由他一个人管理，也没有什么对外合作，所以他的这种缺点对公司还不是很致命的因素，但是当对外合

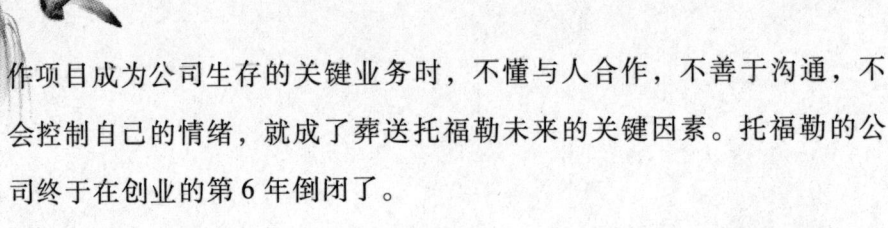

作项目成为公司生存的关键业务时，不懂与人合作，不善于沟通，不会控制自己的情绪，就成了葬送托福勒未来的关键因素。托福勒的公司终于在创业的第6年倒闭了。

成功者总是善于控制自己的情绪，也不会轻易被人激怒。即使是被他人激怒，他们也会想出各种方式快速调整自己的情绪，平息自己的怒气，从而不使自己的事业或生活受到损害。

2006年世界杯足球赛的决赛中，法国球星齐达内，在加时赛的最后10分钟用头撞向对方球员，用一张红牌为自己的世界杯生涯画上了句号，并导致整个球队把冠军拱手让给了意大利。据说当时他是由于受到对手的挑衅而过于冲动，才使自己的情绪失控。一失足成千古恨！

如果一个人可以掌握自己，他就能战胜自己的感情，战胜周围的环境。自控力就像是一位将军，他能把一群乌合之众调教为一支训练有素的军队，把粗鲁的人变成有教养、有品格的士兵。

如果一个人缺少自控，他就好像缺少一切。没有自控力，一个人就没有耐心，没有掌握自己的能力；他不能自持，因为他总是受自己的情绪支配。

我们教育人一个重要项目是做人的原则，其实就是要求我们控制住自己的情绪。

忍耐的智慧

控制情绪的关键不在于不让坏情绪出现，而在于能够快速摆脱坏情绪，不要让自己长时间置身于恶劣的情绪之中。

不要为节省小钱而牺牲健康

节省的习惯，行之过度，不但无益，而且有害。一个商人想在正当的业务开支上讲经济，是不明智的，与一个农夫想在谷种上讲经济一样。播种不多，收获亦不多。

有些人为节省些小钱，不肯把适当的食物供给自己，因之而使得身体健康大受损害。当这些人走进饭店时，他们总是吃得十分简陋，真不知他们拿自己当什么！他们从来不注意自己身体的健康。你假使有志做些事业，你必须避免这种不经济的经济。因为要节省，而供给你自己以不良的食物，其为不智，与一个厂主，因为好煤的价格高昂，因之而只烧些劣等的煤，以转动机器一样无益。不管你怎样穷，总不可在食物方面节省，你可以在别的地方讲经济，但千万不要在食物的质和量两方面亏负你的身体与头脑。相反，他们应该在一家饭店好好地坐下来，叫几种有营养而又可口的饭菜来，慢慢地吃上一顿，再好好休息一会儿，让胃里的东西得以消化，然后再去接着工作。

人们在身体与精神不佳的时候，不能进行重大的业务。只有在体力强壮、头脑清晰的时候，办事才有高效率。所以为了增强身体的机能而多花些钱，不单在健康及安宁方面，即从金钱方面而言，也是划算的。

人们许多宝贵的生命与精力，都是因为存了似是而非的经济观念而耗费了。人们在患了虽然轻微，但总需要就医的疾病时，往往因为舍不得钱，日复一日，年复一年地拖延下去。结果，因小失大，不但在身体上，在这期间要受许多"不必要"的痛苦，而且他的工作也深受影响。

过度地吝惜金钱而毫不考虑到自己的身体，这实在是一种得不偿失的做法，根本谈不上"节俭"两个字。一个真正懂得节俭的成功者，他随时随地都用心去设法增加自己的体力、保养自己的精神和头脑，使自己浑身充满无限的力量。他明白一个道理，只有凭借这充沛的脑力、精力和体力，他才能完成伟大的事业。

所以凡是阻碍我们生命前进的，我们应该不惜任何代价，设法消除。

应该将"力量"、"效率"，作为我们的目标、准则。凡足以增加我们的力量、效率，足以增强我们的脑力、体力的，不管代价怎样高，总是值得的。

忍耐的智慧

给车子加上劣质的油，它会跑；给它加上优质的油，它会跑得更快更远。拥有一个健康的身体，是你一生赚到的最大的利润。

既不纵容自己，也不委屈自己

位于孟加拉国某村庄的一座寺庙，原本香火鼎盛，后来却因为在通往该寺庙的路上，出现了一条眼镜蛇，它经常袭击香客，令许多人心生畏惧，不敢再上庙里去。该庙的住持是位道行高深的大师，在得知了这件事后，他决定亲自出马。一日，他来到这条蛇的巢穴前，喃喃念起咒语，引蛇出洞，并降服了它。接着他告诉蛇说，咬人是不对的，它不该攻击那些到庙里祭拜的香客，他要这条蛇承诺以后绝不再犯。

没过多久，一个村民在路上看到了这条蛇，却发现它没有做出任何攻击的行为。消息很快传开了，众人都得知这条蛇变得温顺了，于是也就变得越来越不怕它了。这条蛇甚至成了村人的玩物，经常有顽皮的男童拖着它在地上爬，逗得一旁的人哈哈大笑。

有一天，该庙的住持经过此地，却发现这条蛇显得可怜兮兮、畏畏缩缩的样子，令住持大吃一惊，并问其原因。眼镜蛇告诉住持，自从它答应了住持的要求，就不断遭人欺负。

住持叹了一口气说："我只是叫你不要咬人而已，可没有说你不

能昂首吐信,发出嘶嘶声来吓唬人啊!"

这则故事虽然有点儿匪夷所思,却传达出了一个强而有力的中心主旨:咬人是不对的,但恰当地发出嘶嘶声可没有什么不对。事实上,了解"咬人"和"发出嘶嘶声"有何差异,或许正是为人处世的一个准则。

如果不公正的事情发生在你身上,并不是要你从某个极端跳到另一个极端(歇斯底里、鱼死网破是一种极端,逆来顺受、任人宰割则是另一种极端),而是要你学会分辨在什么情况下、在什么时候,你可以用什么样的方式来发出有效的嘶嘶声,并表达坚定的立场,让对方知道他的某种行为是你无法接受的。

哲学家亚里士多德在两千多年以前说过:"任何人都可能生气,生气本来就很容易。然而,如何在恰当的时间,为了恰当的目的,以恰当的方式对恰当的人表达恰当程度的怒气,这可就不容易了。"

忍耐的智慧

我们可以在恰当的时间,为了恰当的目的,以恰当的方式对恰当的人表达恰当程度的怒气。我们应该清楚自己的原则和底线,可以根据它们来做人生里的任何一次取舍,既不纵容自己,也不委屈自己。

009

随意的礼物是对他人的不尊重

礼物就像一面镜子，送礼的形式和内容可以反映出送礼者的个性。礼物不看贵重不贵重，关键要看有没有心思，是不是能很好地代表我们的心意。多想想对方到底想要什么，或是希望得到什么，才是送礼时我们最需要考虑的。那些没有经过用心思考，随意的礼物是对他人的不尊重。

不要把去年收到的礼物今年再转送出去，因为送礼的人通常都会留意你有没有使用他所送的礼品再转送他人，如果他给你送的礼品没有得到你足够的重视，从而也不难得出结论，你对他的人也不是十分满意。这样他会有一种很大的失落感，对你的印象就不会很好。

如果你比较富有，送礼给一般的朋友也不宜太过于出手阔绰，有时这会引起不必要的尴尬，会让对方觉得你是在"摆阔"，得到相反效果，不如送一些别出心裁的礼物会更好。

记得把礼物上的价格标签拿掉，把价签留在礼物上，无疑是在给对方一个暗示，这让对方在下次回礼时很是为难。

无论礼物本身价值如何，最好还是要用包装纸包起来。有时注意

这些细微的地方更能显示出送礼者的心意。

送礼时，必须考虑到接受礼物的人在日常生活中能否应用得上你送的礼物，或者你的礼物是不是会给对方带来"不便"。我们常常会收到一些很有意思的礼物，但是在新鲜劲过去后，处置这些礼物却成了头号难题。

有些人到对方家中拜访时，直到离开时，才想起该送的礼物，在门口拿出礼物时，主人却因为谦逊、客套而不肯接受，此时在门口推来推去的动作，颇为狼狈。要如何避免这种情形发生，最好的送礼时机是：进到大门，寒暄几句就奉上礼物，如此，对方就不可能因为客套不收礼，而僵持在门口。如果错过了在进门口送礼的时机，不妨在坐定后，主人倒茶的时候送，此时，不仅不会打断原来谈话的兴头，反而还可增加另一个话题。

陈先生一次开车去看朋友，心想离开朋友家的时候再把礼物从车上拿下来。于是，他空着两手就进了朋友的家，大家寒暄一番，时近中午，朋友没有留他的意思。于是陈先生起身告辞，说："我买了一些东西，放在车上，我去拿过来。"朋友一听，马上说："今天中午怎么能走呢？就在我这里了。"朋友的妻子也立刻转身去了厨房。

那次以后，陈先生算明白了一个道理，拜访朋友，采用兵马未动，粮草先行的策略，先把礼物一放，不管是大是小，是多是少，只要有礼在，保准会受到对方的善待。

忍耐的智慧

多想想对方到底想要什么，或是希望得到什么，才是送礼时我们最需要考虑的。那些没有经过用心思考，随意的礼物是对他人的不尊重。

010

在绝望中，
也要给自己一个希望

第二次世界大战期间，德国纳粹对犹太人的屠杀到了惨绝人寰的地步，大量无辜的人被夺去了生命。

布莱恩也被德国人抓了起来关进了集中营。在这里，他们过着非人的日子。最让人恐怖的并不是生活的恶劣，而是他们不知道自己什么时候就会被死神夺走生命。他们天天生活在恐惧中。这种恐惧也并非恐惧本身，而是自己心灵上的折磨。他们每天都在看着成千上万的人被关进来，又看着难以计数的人被推了出去，然后再也没有回来。他们知道，这些德国人是一群恶魔，他们可以眼睛都不眨一下就杀掉一个小孩、一个孕妇或是一个手无寸铁的人。如果上帝偏爱这些可怜的人，或许可以早日让他们到天堂报到，他们也情愿那样。因为他们实在忍受不了这种折磨：死神就在你的眼前打转，让你感到恐惧和绝望，但却不把你带走。于是，好多人忍受不了，疯了。

那一天，布莱恩跟随着长长的队伍到集中营的工地上劳动，他不知道自己是否还可以活着回来。他脑子里涌出好多奇怪的想法：晚上能不能活着回来，是否能吃上晚餐，是否还可以见到自己那些共患难的朋友？这些想法让他焦躁不安，他知道自己不能再这样下去了。于是，他逼迫自己去想一些开心的事情：或许明天自己就可以被释放出去，然后见到可爱的妻子。他曾答应要给妻子买一所房子，最好选在一个很幽静的地方，然后再有一个很大的花园——因为妻子非常喜欢花——还要有一个很大的落地玻璃窗，每天早上起床后一拉开窗帘，就可以看见明媚的阳光。就这样想着想着，他的脸上渐渐浮现出了一丝笑容。他以自己曾是精神博士的常识知道，只要能笑，那么自己就一定可以活着从魔窟中走出来。

每天他就这样安慰自己，他不让自己去面对现实，现实只有恐惧和绝望。他让自己沉浸在自己的内心世界里，那里没有硝烟，没有屠杀，没有死亡，没有绝望，只有爱。

就这样，他果真活着从集中营里走了出来。当时他的精神显得很好，他的朋友们不敢相信，一个人在魔窟中生活了那么多年居然可以这么年轻、这么健康。

一个人的精神，可以帮助他克服许多的厄运。所以，能否活得精彩，不在于你的拥有，你周围的环境，而在于你自己的心境。一个人不是活在物质里，而是活在精神里。精神垮了，就没有人能够救得了你，包括所谓的上帝。

忍耐的智慧

一个人的精神，可以帮助他克服许多的厄运。所以，能否活得精彩，不在于你的拥有，你周围的环境，而在于你自己的心境。

011

你付出什么，才有权利要求什么

大多数人选择朋友都是以对方是否出于真诚而决定的。

日本曾有一个富翁，为了测验别人对他是否真诚，就假装重病住入医院。

结果，那富翁说："很多人来看我，但我看出其中许多人都是为分配我的遗产而来的。特别是我的亲人。"

专门研究社会关系的谷子博士问他："你的朋友也来看你了吗？"

"经常和我有来往的朋友都来了，但我知道他们不过是当作一种例行的应酬罢了。还有几个平素和我不睦的人也来了，但我知道他们只是乐于听到我病重，所以幸灾乐祸地来看我。"

照这位富翁的说法，他测验的结果是：根本没有一个人在"真诚"方面及格。

谷子博士告诉他："在人际交往中，真诚绝不是专门对别人要求的东西，它必须是以自己首先付出为前提。因此，你不应去测验别人对自己的真诚，而应先测验一下自己对别人是否真诚。"

与其试探别人对自己是否忠诚，不如先问问自己对别人做到忠诚了吗？因为我们不管在什么时候总是希望别人为自己赴汤蹈火在所不辞，而自己对别人则总是"三思而后行"。你付出什么，才有权利要求得到什么。

忍耐的智慧

真诚不是专门要求别人对自己怎样，它必须是以自己首先付出为前提。

012

与其盲目地执著，不如明智地放弃

钻井工人在一个地方打不出水，有两种截然不同的办法可供选择：一种是把原有的井掘得更深；一种是经过勘探优选，再钻一眼新井。

专家常用上面这个例子来解释纵向思维和横向思维。纵向思维是深钻原井，横向思维是在别处再钻一眼新井。不管你是否理解上述两种不同的思维方法，在很多时候，你可能自觉不自觉地在使用着它们。有的人写小说久久写不出力作，就矢志不移地深掘下去；有的则不同，他们这时会停下来，在深思熟虑、优化选择后，或掉头写报告文学，或"下海"经商，结果可能一炮打响，实现了自身的价值。

倡导打一眼"新井"，是不是鼓励人不再吃苦，不再拼搏，只走捷径呢？不是。"深井"掘起来不易，"新井"也是一口"深井"，也需人去流血流汗。打"新井"是启迪人们用不同的思维对自身进行一次审视，去寻找超越自己的路径，去发现自己真正的潜能所在。曹雪芹终生钻了一眼"深井"——写出了一部《红楼梦》，而名播天下，这说明曹氏"打井"找准了地方。孙中山先生和鲁迅先生早年都立下了"悬壶济天下"的宏愿，但终因国情世运所迫，他们都重新选择打了一眼"新井"，最终都成为民族的巨人。他们打的"新井"同时也是一口"深井"。

世间绝大多数人不愿放弃一个钻了一半的孔，在一口井没有收效之前，不愿白白放弃钻孔所付出的代价。正如许多人非常易于继续做同一件事，而不愿想一想是否可以做其他事一样。其实，打一眼"新井"同样需要勇气和智慧——承认失败的勇气和找准新井位置的智慧。

智者教导人们万事有恒，而许多事物却是一开始就注定了要失败的，但仍有固执者不肯在中途放弃那些东西直至同归于尽。壮士断腕是因为他清楚断腕后的价值更高。

人生最大的教训之一，是要懂得如何割舍。

放弃，不是自认失败，而是在寻找成功的契机，今天的放弃是为了明天的得到。放弃，也许使你为期待的目标失去了好多，有些甚至是很珍贵的，可你却不应该后悔。你要知道：没有放弃，就不会有更牢固的拥有和获得。

一扇门在我们面前关闭了，会有另外几扇门同时敞开。与其费时费力地去开启那扇业已关闭的门，不如轻松地去寻找那些敞开的门。

培根曾说，一件事做得太慢，费时太多，无异于一件东西买得太贵。

忍耐的智慧

懂得放弃同样需要勇气和智慧——承认失败的勇气和再重新选择的智慧。

013

耐心成就一切

世界著名撑竿跳高名将布勃卡有个绰号叫"一厘米王"。因为在一些重大的国际比赛中,他几乎每次都能刷新自己保持的纪录,将成绩提高一厘米。当他成功地跃过 6.25 米时,不无感慨地说:"如果我当初就把训练目标定在 6.25 米,没准儿会被这个目标吓倒。"

成功就是简单的事情重复着去做。每天进步一点点是简单的,之所以有人不成功,不是他做不到,而是他不愿意做那些简单而重复的事情。因为越简单,越容易的事情,人们也越容易不去做它。

竞争对手常常不是我们打败的,是他们自己忘记了每天进步一点点。成功者不是比我们聪明,而是他们比我们每天多进步了一点点。一个人,如果每天都能进步一点点,哪怕是 1% 的进步,试想,还有什么能阻挡得了他最终取得成功?一个企业,如果把每天都进步一点点,作为其企业文化的一部分,当其中的每个人每天都能进步一点点,试想,有什么障碍能阻挡得住它最终的辉煌?

每天进步一点点,它具有无穷的威力,只是需要我们有足够的耐力。

忍耐的智慧

竞争对手常常不是我们打败的,是他们自己忘记了每天进步一点点。成功者不是比我们聪明,而是他们比我们每天多进步了一点点。

014

使对方陷入与你一样无法全身而退的困境

春秋时期楚国杰出的军事家伍子胥，少年时即好文习武，勇而多谋。伍子胥祖父伍举、父亲伍奢和兄长伍尚俱是楚国忠臣。周景王二十三年，楚平王怀疑太子"外交诸侯，将入为乱"，遂迁怒于太子太傅伍奢，将伍奢和伍尚骗到郢都杀害，伍子胥只身逃往吴国。

在逃亡中，伍子胥在边境被守关的斥候抓住了。斥候对他说："你是逃犯，必须将你抓去面见楚王！"伍子胥说："楚王确实正在抓我，但是你知道楚王为什么要抓我吗？是因为有人跟楚王说，我有一颗宝珠。楚王一心想得到我的宝珠，可我的宝珠已经丢失了。楚王不相信，以为我在欺骗他。我没有办法，只好逃跑。现在你抓住了我，还要把我交给楚王，那我将在楚王面前说是你夺去了我的宝珠，并吞到肚子里去了。楚王为了得到宝珠就一定会先把你杀掉，并且还会剖开你的肚子，把你的肠子一寸一寸地剪断来寻找宝珠。这样我活不成，而你会死得更惨。"斥候信以为真，非常恐惧，赶紧把伍子胥放了。

在被斥候抓住以后，伍子胥是处于一种绝对劣势地位，要想改善这一局面，必须采取一个策略。伍子胥告诉斥候，如果他被抓住了，他就会向周景王诬陷他。因为对于伍子胥来说，在这种情况下无论是否诬陷，自己的结局是不变的。对于这一点，斥候也十分清楚。因此，伍子胥的威胁是可信的。

面对可能出现的潜在危机，人们总是抱着"宁可信其有，不可信其无"的态度，这是一种预期的支付，以保证自己能够免于陷入困境。这种预期支付心理，恰恰给了处于显性困境者以机会，或用欺骗方式，或夸大其词，让对方做出预期支付，帮助自己摆脱困境。

这对于我们每个人在处于劣势时转换思维方式，是很有启示的。制造一种潜在的危机，使对方陷入与你一样无法全身而退的困境，即便在这种局面出现之前，他本来拥有拿走你所有的一切的优势，那么此时他也只能被迫进行理性的决策，与你合作。

忍耐的智慧

制造一种潜在的危机，使对方陷入与你一样无法全身而退的困境，即便在这种局面出现之前，他本来拥有拿走你所有的一切的优势，那么此时他也只能被迫进行理性的决策，与你合作。

015

与初识的人不要太过谦卑

人们都愿意与身份较高、能力较强的人交往，不愿意认识整天垂头丧气、愁眉不展的人。从我们自己的角度看也是一样，如果我们常与得意的人、能干的人接触交友，自己就会充满信心，也认为自己有能力。

这样看来，当你向一个还不熟悉，还不了解你的人介绍自己的时候，不要把自己刻意说得很低，也不要过于谦虚。你可以适当地夸张一下，夸大你目前所干的事情，夸大自己的能力和成就，夸大自己的良好感觉，这样对方认识你才会感到荣幸，愿意与你交往。

如果把自己讲得一无是处，讲现在遇到的困难，讲目前还存在的问题，对方听了会感到失望，对你也就没有太大兴趣了。

当然，生活中有酸甜苦辣，再春风得意的人，能力再强、地位再高的人也有不如意的时候，所以交谈时很容易说起不顺心的事。但对初次相识的人来说，他们往往爱对自己的结交对象抱一种幻想，潜意识中常希望对方是个有能力的人。如果你令对方失望，他会认为没有必要与你交往了。

当然，夸张要有一定限度，不能夸张得无边无际。因为人们都有一个衡量标准，虽然不了解你，但你应该有多大能力，别人大致上是心中有数的。说低了，他会不以为然，瞧不起你；说太高了，也不好，搞不好露出马脚反而弄巧成拙。因此，这就要求你在说话时要把握好分寸。

在说明自己的能力时，不但要把现在正做的事情告诉对方，如果有必要的话，还可以把下一步准备做的事情告诉对方。下一步的事虽然没做，但有做的打算和做的条件，也有做的可能性，你讲给对方听时，对方一般是会相信的。而且你已明确告诉对方，这是下一步的打算，自然他不会认为是在骗他。在讲下一步打算时，你要充满自信，要把具体事实摆出来。这就是一种能力的夸张，也是一种合理的夸张。你若把再下一步的打算也告诉对方，那就成了吹牛，对方就不会轻易相信。像一个小学生谈大学毕业后找工作一样，让人觉得有点荒唐。所以只能把下一步的打算说出来，不能把下好几步的计划都讲出来。

忍耐的智慧

如果把自己讲得一无是处，别人对你也就没有太大的兴趣。你可以适当地夸张一下，夸大你目前所干的事情，夸大自己的能力和成就，夸大自己的良好感觉，这样对方才会愿意与你交往。

016

成功与失败之间，只差这么一点点

几十年前，美国人达比和他叔叔到遥远的西部去淘金，他们手握鹤嘴镐不停地挖掘，几个星期后，他们终于惊喜地发现了金灿灿的矿石。于是，他们悄悄将矿井掩盖起来，回到家乡马里兰州的威廉堡，开始筹集大笔资金购买采矿设备。

不久，他们的淘金事业便如火如荼地开始了。当采掘的首批矿石被运往冶炼厂时，专家们断定他们遇到的可能是美国西部罗拉地区储量最大的金矿之一。达比只用了几车矿石，便很快将所有的投资全部收回。

然而，达比万万没有料到，正当他们的希望在不断升高的时候，奇怪的事发生了：金矿脉突然消失！尽管他们继续拼命地钻探，试图重新找到矿脉，但一切都是徒劳。好像上帝有意要和达比开一个巨大的玩笑，让他的美梦从此成为泡影。万般无奈之下，他不得不忍痛放弃了几乎要使他们成为新一代富豪的矿井。

接着，他们将全套机器设备卖给了当地一个旧货商，带着满腹的

遗憾和失望回到了家乡威廉堡。

　　就在他们刚刚离开后的几天，那个收废品的商人突发奇想，决定去达比遗弃的矿井碰碰运气。他请来一名采矿工程师考察矿井，只做了一番简单的测算，工程师便指出前一轮工程失败的原因是由于业主不熟悉金矿的断层线。考察结果表明：更大的矿脉其实就在距达比停止钻探3英寸的地方。

　　人们经常在做了90%的工作后，放弃最后可以让他们成功的10%。这不但输掉了开始的投资，更丧失了经由最后的努力而发现宝藏的喜悦。

　　一分耕耘之后，人们常常看不到什么收获，有些人就由此放弃了追求；九分耕耘之后，还看不见收获，又有人放弃了追求。但这个时候，他已经有了九分积累，就在离收获不远的地方，他放弃了努力。成功与失败之间只差这么一点点。

忍耐的智慧

　　人们经常在做了90%的工作后，放弃最后可以让他们成功的10%。这不但输掉了开始的投资，更丧失了经由最后的努力而发现宝藏的喜悦。

017

把受挫看成是一段中场休息

挫折并不可怕，如果你自暴自弃，那你注定失败。

两个年轻的推销员在跑了 10 家客户后才推销出去一件产品。于是，悲观者说："真是浪费时间，看来我不是干推销的料。"他放弃了。乐观者却说："太棒了，我终于有了一个光辉的起点。"他乐观地干下去，最终获得成功。

我们不可避免地会遇到挫折，但我们可以调整一下对挫折的态度。我们可以把挫折看成是我们事业中极富创造性的一段时间，把挫折当成人生的财富，从挫折失利中学到有益的东西。吃一堑长一智，使自己变得更聪明起来，失败只是你成功的一块跳板。这样一来，不论在何种情况下，都可以看到希望，看到光明，感受到生活的美好。让自己始终都充满信心和活力，这样就会有一种生生不息的动力在推动你不断前进。

试着去接受挫折，享受挫折。把受挫看成是一段中场休息，我们正好借此好好地喘口气，体验一下不同。

拥有积极心态的人是不会把失败当作失败的，他们认为那只是磨炼自己的意志和改变做事方法的一个过程。

失败，并不表明你不能成功，特别是一时一事的失败，并不表示你是一位失败者，一个不可救药的人，一个失去了希望的人。即使所有人都说："你失败了，你是一个失败者。"你自己也不要这么想。就如齐格·齐格勒曾经说过的："失败的是事件，而非人本身。"

失败，只是表示你尚未成功，尚未达到追求的目标，或者至少是离目标远了一些。失败也可以表明你有意尝试，你在支付"学费"，你在学习不败之法。

真正的成功，出自于错误的学习。假如你战胜不了逆境，要获得成功是不可能的。而把失败转化为成功，其过程很简单，往往只需要一个想法，紧跟实际行动。

一块手表可能有着最精致的工艺，可能镶嵌了名贵的宝石，然而，如果它缺少发条的话，仍然毫无用处。人也是如此。不管一个人受过多么良好的教育，也不管他的身体有多么强健，如果他缺少积极的心态，那么他拥有的条件无论是多么优秀，也都是一种浪费，都没有任何意义。

忍耐的智慧

不管一个人受过多么良好的教育，也不管他的身体有多么强健，如果他缺少积极的心态，那么他拥有的条件无论是多么优秀，也都是一种浪费，都没有任何意义。

018

行动要远远难于思考

一位知名的财务顾问在一堂理财管理课上，与学员们谈起一本伟大的书——保尔·格拉桑所著的《巴比伦的首富》。

"这本书实际上仅仅传递了一个信息，"这位理财专家说道，"在今天仍然适用——为了彻底打消你今后在金钱方面的担忧，你所要做的仅仅是在很长的时间内，将你收入的10%用于储蓄或投资。"

专家问下面的学员——这群花费大价钱来学习如何更好地理财的人们——有谁读过那本书。大约有2/3的学员把手举了起来。

"请不要把手放下，"他接着说道，"现在，按照那本书的中心思想的要求——将收入的10%用于储蓄或投资——去做的人，仍然保持举手状态，其余的人把手放下。"

在大约100名举过手的学员中，没有一个人的手还在举着。他们理解了那本书的中心思想，并表示认同。但是在执行过程中却遇到了麻烦。没有一个人，能够坚决执行这一简单而必要的行动。

为什么？

就某种程度而言，行动要远远难于思考。

你只需坚持把收入的10%用于储蓄或投资，剩下的事情就交给复利去做了。

1946年，有一位对金钱没有什么概念的人——圣安妮·沙伊贝，将5000美元投入了股票市场。随后，她把股票收藏起来，就抛在脑后了。到了1995年，这笔当初为了养老而进行的储蓄，已经变身为220万美元——整整涨了440倍。都是复利的恩惠！也验证了阿尔伯特·爱因斯坦的那句话："世界上最强大的力量是什么？是复利！"

如果我们有多少钱都花光，那么贫穷就会永远伴随我们，不论我们赚多少钱。

大部分人拥有的钱财很少，因为他们不懂得储蓄与积累。一位普通的美国人活到50岁，一定赚了很多钱，但是他的存款却仅有2300美元。

富有的人，往往懂得储蓄与投资，并坚持多年。复利，能让金钱以惊人的速度繁殖。

如果我们正饥肠辘辘，或者无家可归，拥有金钱就能够让我们生活得更加美好。

忍耐的智慧

如果我们有多少钱都花光，那么贫穷就会永远伴随我们，不论我们赚多少钱。富有的人，往往懂得储蓄与投资，并坚持多年。

019

让人们对你永怀期待

具有某种魅力的人，你越和他交往越觉得他高深莫测。这样的人，永远有出人意料之举。具有这样魅力的人，他们一定拥有广博的知识与敏捷的反应，能够随时应付各种状况，绝不会出现江郎才尽的窘态。日本前首相田中角荣就是一位具有这种魅力的政治家。他不但能够经常提出别人意想不到的构想，并且行动中也能充分发挥自己的创意，因此吸引了许多支持者。虽然他最后是因为丑闻而下台——受到了金钱与权力的诱惑才导致这样的下场。不过他那高深莫测的心思，的确使他成为了很受大众欢迎的政治家。

表面上看起来很能干，并且让人一眼就看出能干的人其实称不上能干。真正的高手是那些表面上看起来平平凡凡，而实际接触才发现他的深不可测。越是让人看不透的人，就越能够吸引别人的注意，越是这样就越让人想要进一步接触。人与人的交往就是建立在实际的接触中。如果你是个交往一两次就让人厌烦的人，那么你便不是一个有魅力的人。

每次见面都给人以不同的感觉，这样的人总是让人很想知道接下来他又有什么新的举措，这种魅力就是具有未知的神秘感。这种未知的神秘感，必须由人性的修炼及不间断的研究来培养。

平常看起来总是有些"脱线"，但一遇到实际的问题就马上展现出实力，这样的人，很容易受到人们的尊崇。也就是说，平常保留一半的实力，有需要的时候再做表现。一向都表现出精明能干的样子，到了紧要关头却手足无措，这是不懂得如何运用智慧的人。别人越是不了解你有多少本事，就越想了解你的实力。培养足够的实力却不做不必要的表现，这就是吸引他人的技巧。

瓦岗寨的程咬金的三板斧，在对手不了解他的情况下，觉得这人两把斧子很厉害，"深不可测"，让人闻风丧胆。但当你和他过了几招之后，就会发现他的招数没有什么变化，砍来砍去就只有这三板斧。当你知道了原来这个人只会三板斧后，他在你的眼里立刻就变成了一个平庸之辈。稍微有点四板斧料的人便不会把他放在眼里。

当然不管是三板斧也好还是十八般武艺也罢，只要你毫无保留地一股脑儿全亮出来，别人就会觉得也没什么了不起，因为你全亮出来之后就失去了那种神秘感，而神秘感则能产生敬畏感。

内敛一点儿，含蓄一点儿，不要让人知道你才是最聪明的。

忍耐的智慧

人若天天表现自己，就拿不出使人感到惊讶的东西。必须经常把一些新鲜的东西保留起来。对那些每天只拿出一点招数的人，别人始终保持着期望。任何人都对他的能力摸不着底。

020

没有目标，你哪都去不了

如果问出租车最易发生危险是在什么时候，人们会根据自己的想像给出五花八门的答案。但是统计数据给出的正确答案却有点出人意料。答案是：没有乘客的时候。因为，有乘客的时候，司机有目标，他就会全神贯注地驾驶，同时想方设法尽快到达目的地；而没有乘客的时候，他是盲目的，走到十字路口左转还是右转，他会犹豫不定，同时左顾右盼精力分散。

很多年前，美国耶鲁大学对即将毕业的学生进行了一次有关人生目标的调查研究。研究人员向参与调查的学生们问了这样一个问题："你们有人生目标吗？"对于这个问题，只有10%的学生确认了他们的目标。

然后，研究人员又问了学生们第二个问题："如果你们有目标，那么，你们是否能把自己的目标写下来呢？"这次，只有3%的学生回答是肯定的。

20年后，耶鲁大学的研究人员在世界各地追访了当年那些参与调查的学生们。他们发现，当年明确地把自己的人生目标写下来的人，

无论从事业发展，还是生活水平，都远远超过那些没有这样做的人。这3%的人所拥有的财富居然超过了其余97%的人的总和。

这3%的人的成功，离不开他们从一开始工作就怀有的明确目标。

在耶鲁大学的这个关于人生目标的研究项目里，那些没有把人生目标写在纸上的人一生在干什么呢？原来他们忙忙碌碌，一辈子都在直接或间接地、自觉不自觉地帮助那3%有明确人生目标的人实现他们的奋斗目标。

有一位美国人，他决心乘热气球做环球飞行，但他运气不太好，前5次尝试都以失败收场，从而引来了众多的非议。直到第6次，他从澳大利亚出发，经过13天的艰苦飞行，行程3.2万公里，终于飞回了澳大利亚，成为人类独自不间断乘热气球环球飞行的第一人。这一年，他已经58岁了。一夜之间，这个老人成为无数人心目中的传奇英雄，而那些批评者都闭上了嘴巴，也加入到了为他欢呼的行列。

这位老人为何如此热衷于环球飞行呢？他说："当人们达成一个目标的时候，总是感觉良好——人生需要目标。"是的，人生需要目标，目标代表一种动力，一种激情。有目标的人生才是有意义的人生。

如果你不知道自己到哪儿去，那么通常你哪儿也去不了。

忍耐的智慧

如果你不知道自己到哪儿去，那么通常你哪儿也去不了。

021

仅有梦想还远远不够

　　一位记者就有关稳健投资计划的问题前去采访财务顾问协会的总裁刘易斯·沃克。两人简单聊了一会后，记者问沃克："到底是什么阻碍了人们的成功？"沃克答道："模糊不清的目标。"记者请沃克解释什么叫"模糊不清的目标"。沃克说："如果我问：'你的目标是什么？'你说希望有一天能拥有一栋山间别墅，这就是一个'模糊不清的目标'。因为'有一天'是不够明确的，因而成功的机会也就很小。"

　　记者又问："那我应该怎么做呢？"

　　"假如你确实希望拥有一套山间别墅，你必须先找出那座山，询问你想要的别墅现在卖什么价钱，然后在考虑通货膨胀等因素的情况下，算出5年后这栋别墅值多少钱。接着你必须做一个计划，为了达到这个目标，你每个月需要存多少钱。如果你真的这么做了，那么在不久的将来，你可能就会真的拥有一栋山间别墅。但如果这不是你的目标，而只是你的梦想，那就很难实现。梦想总是愉快的，但没有计划和行动的配合，就只是模糊的梦想，也就是妄想而已。"

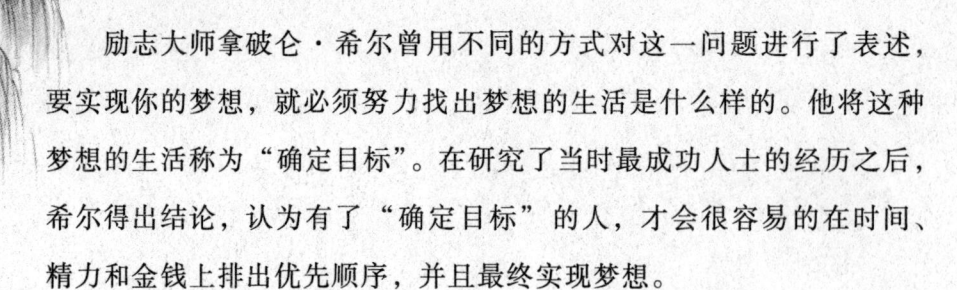

励志大师拿破仑·希尔曾用不同的方式对这一问题进行了表述，要实现你的梦想，就必须努力找出梦想的生活是什么样的。他将这种梦想的生活称为"确定目标"。在研究了当时最成功人士的经历之后，希尔得出结论，认为有了"确定目标"的人，才会很容易的在时间、精力和金钱上排出优先顺序，并且最终实现梦想。

如果你无法使自己的愿望具体化，或者你所写下的无法量化或无法检验，那么它们仍然不是目标，而只是一种梦想。例如，写下"我想在2012年变成富翁"是毫无意义的，一点儿用也没有。

在现实中，很多人都有各种各样的梦想，他们以为这就是目标。但是，模糊不清的目标算不上目标，而是梦想。对追逐成功而言，仅有梦想是远远不够的。除非能在梦想的基础上确定一个明确的目标，否则你很难心想事成，反而容易遭遇挫折，损伤自信心。

对于任何人而言，失去目标或目标模糊都将是失败之源，即使是那些性格坚韧、行为果敢的强者也是如此。

忍耐的智慧

模糊不清的目标算不上目标，而是梦想。对追逐成功而言，仅有梦想是远远不够的。

022

利用业余时间
把自己变得更优秀

在胜者为王的世界里，利益的分配是非常不平均的。处于顶端的竞争者毫不费力地分走大部分"蛋糕"，而底层的人则要为了维持生计的"面包屑"而拼命争夺。

羚羊不小心就会葬身狮口，但是对于鬣狗家族来说，连弱小的羚羊也不好对付。因此，在通常情况下，不是很强大的肉食动物——鬣狗之流，就只好吃狮子、猎豹吃剩的食物。偶尔它们也会从狮子和猎豹那里抢到些多余的战利品，但是这要看狮子和猎豹们的心情。在草原上还有众多腐食动物，靠顶级肉食动物的牙秽为生。

有一个著名的80/20法则，就是80%的利益被20%的人分走，剩余20%的利益养活80%的人；社会上20%的富人拥有整个社会80%的购买力，消耗80%的生活资源；20%的企业创造80%的利润，掌握80%的先进技术，占有80%的资产。

这20%的人和企业，就是社会的强者。

"专利技术"就是这些"强者"的标志，更是他们赖以生存的利益资源。他们研究最先进的技术，并把这些技术"保护"起来。其他企业总会莫名其妙地得到他们的技术，之后是大规模的生产和普遍应用，最后就是"强者"依照产品数量收取可观的专利费。无论何种情况，强者总能分到大部分利益，而弱者的利益被无限地最小化。

看看那些"一级俱乐部"成员，他的周薪你最少要干一个月才能拿到；他可以去旅游而你则必须加班；他朝九晚五你朝五晚九；他在装有空调的屋子里大谈时尚，而你面对的不是夏天的太阳就是冬天的冷风。他们总有悠闲的生活！

不要总是谈论你身边的成功人士，把自己同拿15万英镑周薪的贝克汉姆相比，羡慕他们的"物欲横流"。利用业余时间把自己变得更优秀吧！悠闲的生活在对你招手，因为强者不是天生的。

是的，我们可能改变不了风向，改变不了这个世界和社会上的许多东西，但是我们可以改变自己，改变我们自身的重量和我们自己心灵的重量，这样我们就可以稳稳地站在这个世界上生活了，不被风和其他东西吹倒或打翻。

给自我加重，这是一个人不被打倒的唯一方法。

忍耐的智慧

与其在那里浪费生命地发牢骚，不如利用业余时间把自己变得更优秀！让自己也跻身于食物链的顶端，分得大块的蛋糕。

023

你一辈子可以不成功，但不能一辈子不成长

一位父亲很为他的孩子苦恼。因为他的儿子已经十五六岁了，可是一点男子汉气概都没有。于是，父亲去拜访一位禅师，请他训练自己的孩子。

禅师说："你把孩子留在我这边，3个月以后，我一定可以把他训练成真正的男人。不过，在这3个月里，你不可以来看他。"父亲同意了。

3个月后，父亲来接孩子。禅师安排孩子和一个空手道教练进行一场比赛，以展示这3个月的训练成果。

教练一出手，孩子便应声倒地。他站起来继续迎接挑战，但马上又被打倒，他就又站起来……就这样来来回回一共16次。

禅师问父亲："你觉得你孩子的表现够不够男子汉气概？"

父亲说："我简直羞愧死了！想不到我送他来这里受训3个月，看到的结果是他这么不经打，被人一打就倒。"

禅师说："我很遗憾你只看到表面的胜负。你有没有看到你儿子那种倒下去立刻又站起来的勇气和毅力呢？这才是真正的男子汉气概啊！"

不断地倒下，再不断地爬起来，正是在这种磕磕碰碰中我们成长了。成功不在于跌倒的次数比别人少，而是在于每次跌倒后，我们都有爬起来再次面对困难的勇气。

每个人都在成长，这种成长是一个不断发展的动态过程。也许你在某种场合和时间内达到了一种平衡，而平衡是短暂的，可能瞬间即逝，不断被打破。成长是无止境的，生活中很多东西是难以把握的，但是成长是可以把握的，这是对自己的承诺。可能会有人妨碍你的成功，却没有人能阻止你的成长。

忍耐的智慧

不断地倒下，再不断地爬起来，正是在这种磕磕碰碰中我们成长了。成功不在于跌倒的次数比别人少，而是在于每次跌倒后，我们都有爬起来再次面对困难的勇气。

024

不要过分迷信权威

英国哲学家罗素有一次来中国讲学，听讲的多数是社会科学工作者。罗素登上讲台，首先在黑板上写上"2+2=?"并请听报告的人回答。虽然这个问题的答案连一年级的小学生都能脱口而出，但是台下的听众却没有人贸然回答。大家想的是罗素这样的大家不会提出这么简单的问题，这个数学公式必然蕴含着深刻的哲学原理。

当罗素让讲台下一位听众说出自己的看法时，那位科学工作者面红耳赤，支支吾吾答不上来。罗素见状笑着说："这有什么难的，2加2不就等于4嘛！"

罗素作为一位崇尚创新的大哲学家对中国学者的这场考试，恐怕不是故弄玄虚。此举的深意是告诉人们：过分崇尚权威甚至于迷信权威，会束缚人的思想，扼杀人的智慧。

科学无禁区，这是科学发现的规律。

我们知道，真理都是相对的，科学发现和发明由于受条件的局限，也可能出现谬误。权威作为一个时期的学科带头人，他提出的观点，做出的某种研究结论，也不可能个个正确。在科学发展史上，不少年

轻人就曾推翻或者完善、修正了前人的结论而独树一帜，推动了科学事业的发展。

科学史上不少科学家本来已经在敲真理的大门了，但是，他们缺乏自信心，缺乏向权威挑战的勇气，结果半步之差，不得入内，造成了千古憾事。这方面，施特拉斯曼算是一个典型。

1936年，施特拉斯曼在用中子照射钡时，已经发现了裂变现象，但是他迷信物理学家梅特纳的权威，毫不思索地将这一发现扔进了纸篓里。后来当哈恩发现铀核裂变反应时，施特拉斯曼才真正感到，科学研究永远匍匐在权威的脚下是没有前途的。

忍耐的智慧

　　一个门外汉建造了济世方舟，一群专家创造了泰坦尼克——不要迷信权威。过分崇尚权威甚至于迷信权威，会束缚人的思想，扼杀人的智慧。

025

你要有自己的圈子

如今，圈子在社会上无处不在：歌星、影星、笑星相互搞点节目爆点猛料，这叫娱乐圈；为了形成规模效应，众多商家云集一地，这叫商圈；同样，搞政治的，大多数都是以政党的形式出现在政坛上，这个所谓的政党就是"政圈"的代名词而已。

演艺圈、商圈、政圈……但凡与"圈"沾上点边儿的，跻身其中，"身份"马上就会变得不同。你嗤之以鼻也好，荣辱不惊也罢，骨子里多少有些喜出望外，毕竟说明你在"圈子"中已有了位置，获得初步承认。从此，你便被允许以"圈内人"的身份出席各种场合，参加各种讨论与合作。

各大媒体经常提到一个词叫"圈内人"，也就相当于"自己人"的意思。不是自己人，当然什么都不好办，打不进圈子内部，即使你浑身是胆，也只不过算个散兵游勇，很难大红大紫。武林中人，都要拜师，一是为了学艺，二来也是为了有所归依。拜了这个师，就等于入了这个门，从此以后就再也不是孤家寡人了。

《水浒》中的一百单八将，如果都是散兵游勇，对大宋不会构成真正

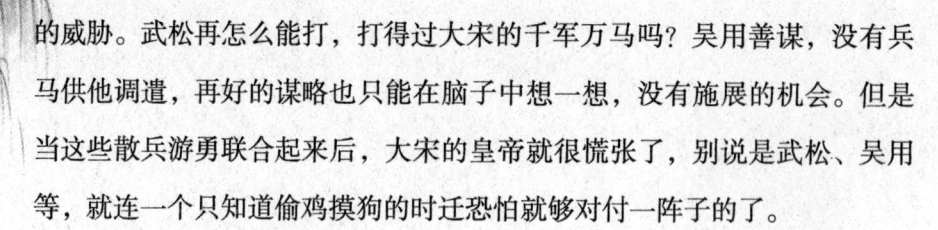

的威胁。武松再怎么能打，打得过大宋的千军万马吗？吴用善谋，没有兵马供他调遣，再好的谋略也只能在脑子中想一想，没有施展的机会。但是当这些散兵游勇联合起来后，大宋的皇帝就很慌张了，别说是武松、吴用等，就连一个只知道偷鸡摸狗的时迁恐怕就够对付一阵子的了。

起初，刘备在还没有完全建立起自己的圈子之前，论运筹帷幄不如诸葛亮，论带兵打仗不如关羽、张飞、赵云，但他有一种别人都不及的优点，那就是一种巨大的协调能力，他能够吸引这些优秀的人才为他所用，建立以自己为核心的圈子，凭借着圈子的力量，才有了三分天下的实力。

项羽是"力拔山兮气盖世"的理想英雄，若在今日，定是少男少女们崇拜的偶像；刘邦却是"好酒及色"之徒，连结发之妻都厌恶他的为人。但在楚汉之争中，刘邦屡败屡战，垓下之战一胜而平定天下；项羽百战百胜，垓下之战一败而身死人手。原因何在？仍然是圈子在决定着他们各自的命运。

进入某个行业中的一个圈子，是我们在这个行业取得成功的前提，试想，如果武则天没被选进皇宫，她能当上女皇帝吗？由此可见，所有的交流、提拔，都是在圈内发生的，进不了圈子，这一切就与你无关。与圈子的核心越近，你就越有可能得到核心的提拔，甚至成为核心。可见，物以类聚，人以圈分。一个人想要在社会上立足，就非得有一个自己的圈子不可。

忍耐的智慧

所有的交流、提拔，都是在圈内发生的，进不了圈子，这一切就与你无关。与圈子的核心越近，你就越有可能得到核心的提拔，甚至成为核心。

026

你一定要有自己的主见

当一群远足的人走到岔路口时，向左走还是向右走？如果你想向左，但其他人都想向右，那么，你会坚持一个人勇往直前，还是跟随众人的脚步？

对一件事情众说纷纭，大家各执己见、莫衷一是。这时，你是旗帜鲜明地勇于提出自己的观点、做报晓的雄鸡，还是人云亦云、做群鸣的青蛙？

美国经济学家伊渥·韦奇提出了这样一个观点：就算你已经有了主见，可是如果有10个人的观点与你截然不同，你就很难不动摇。也就是说，我们可能有自己的见解，但在他人的怂恿下，很可能就会改变自己的初衷。这就是"韦奇定律"。

"韦奇定律"告诉我们，即使我们已经有了主见，但如果受到大部分人的质疑，恐怕就会动摇甚至放弃。很多成功的人之所以能够成功，就是因为他们比别人看得更高、想得更远，更坚定地忠于自己的选择。

美国总统林肯，在他上任后不久，有一次将6个幕僚召集在一起开会。林肯提出了一个重要的法案，而幕僚们的看法并不统一，于是7个人便激烈地争论起来。林肯在仔细地听取了其他6个人的意见后，仍感到自己是正确的。在最后决策的时候，6个幕僚一致反对林肯的意见，但林肯坚定地说："虽然只有我一个人赞成，但我还是要宣布，这个法案通过了。"

的确，人应当听取别人的意见，可是，当你的看法正确时，就不能被别人的想法改变。自己认定的事就要坚持下去，自己的希望与信念是不可改变的。我们应当学会未听之时不应有成见，听过以后不可无主见。我们不怕一开始众说纷纭，怕的是最后莫衷一是。

忍耐的智慧

我们应当学会未听之时不应有成见，听过以后不可无主见。我们可以听听其他人的意见和建议，但不能因此而放弃自己的想法。

027

流言止于智者

　　八卦话题一向是同事间联络感情的最佳砝码。尤其是在茶水间、洗手间这两间"谈话室"里，往往是众家流言的最大集散地，也是大家说老板坏话的"秘密花园"。然而，八卦可以多听，但不能多讲，最好只进不出。所谓"祸从口出"，口水是名副其实的"祸水"，不管是泄露自己的私事，或转述听来的是非，都可能让自己陷入言多必失的危险境地。

　　要做到尊重他人，首先就要自觉地保守他人的秘密，就算你知道的再清楚也要假装糊涂。如果你知道了一个人的秘密，无非是通过两种渠道：第一，是由这个人亲自告诉你；第二，是道听途说。

　　如果是对方亲自告诉你的，那你可真的"打死也不能说"。别人这么信赖你，你怎么可以把别人的隐私随便的散布出去呢？如果是通过其他的途径得知了这样的消息，这更好办，你也不知道这些是真是假，那么就让消息在你这里堵塞吧！俗话说"流言止于智者"。你愿意做智者还是愚人？所以，一定不要成为"耳语"的散播者，这些耳语，比如领导喜欢谁、谁最吃得开、谁又有绯闻等等，就像噪音一样，

影响人的工作情绪。

如果我们不能为别人说好话，那就什么都别说。因为我们不再讲述消极的事情，所以我们就会更幸福。消极的想法导致消极的感受，消极的感受使幸福离我们更远。如果你因某人某事产生困扰，直接和他们交涉，没有理由去和其他人讨论，这不会带来任何正面的影响。你对别人埋怨，那个有问题的人却不知道原来还有问题存在，也就不能做出相应的调整。只有和问题中心人物交谈，而不是与别人闲话，你才能使自己和他人更幸福。

一旦我们开始谈论别人以及他们的缺点，所有伤害人的话语会轻而易举地从舌尖跳出来，我们甚至意识不到自己正说些什么。用莫须有的罪名来影射某人的品质，说这些的时候我们甚至眼都不眨一下。

有多少次谈话是以"我听说……"开头，以否定别人作为结尾。我们永远都不应该以此为谈话的开始，或者参与到类似的谈话中去，除非我们要赞扬某人。

除此之外，如果散播谣言，我们会失去真正的朋友，唯一拥有的只能是其他散布谣言的人。他们是多么可怕的朋友啊，任何我们告诉他们的话，他们都会向别人复述！

当我们听到关于某人的吃惊消息时，抵制自己想转述的冲动吧。我们要发扬自我抵制的品质，尤其是在有人说闲话的场合。只有这样，我们才能避免负罪感，避免事后责备自己。

忍耐的智慧

所谓"祸从口出"，口水是名副其实的"祸水"，不管是泄露自己的私事，或转述听来的是非，都可能让自己陷入言多必失的危险境地。

028

我们期待什么，就能得到什么

世界上有很多人都认为，世间尽管有着种种幸福，以及种种高等的物质享受，然而那都不是为他们而有的！他们相信，那些东西，只是另一阶层中的人才能享受，而自己是没有份儿的！

但是，为什么他们与别人处在不同的阶层中，别人有份而他们没份呢？就因为他们总认为自己是与别人不能相提并论的，自己是属于下等阶层的——就因为他们画地为牢。

我们期待什么，就能得到什么，假如我们一点儿也不期待，即一点也不能得到。一个人怎能变为富裕？假如他不期待富裕！

想要致富，而同时心中又怀疑自己的能力不足以致富，心中时时在期待着贫贱，这真是南辕北辙。

足以使病人的病情趋于严重的，就是不良的心理作用、精神态度——常常在意着、害怕着病情的变化，常常期待着症候的发现。这种不良的期待，对于病体能产生可怕的影响。它可以使病人生命活力的泉源趋于枯竭，而终至于死亡。能够医好疾病的，只有乐观的期待与坚强的信仰。病人对于病情的乐观期待，对于医师及药剂的坚定的信仰，其治疗疾病的功效，实际上要超过医师及药剂本身。

一个在路边卖热狗的男人，由于没有文化加上听力视力都不好，所以从不读报，也不看电视和听广播，每天只是热火朝天地卖热狗，销售额和利润蒸蒸日上。他的儿子大学毕业后，找不到工作，便跟着父亲一起做生意。儿子看到父亲还在发展生意，奇怪地问："爸爸，你难道没有意识到我们将面临严重的经济衰退吗？"

父亲说："没有啊。你给我说说怎么回事？"

儿子说："目前，国际环境很糟，国内环境更糟，我们应该为即将来临的坏日子做好准备。"

这个男人想，既然儿子上过大学，还经常读报和听广播，他的建议不应该被忽视。于是从第二天起，就减少了肉和面包的订购，再不对自己的事业抱有热情了。

很快，光顾的人越来越少，销售量迅速下降。他感慨地对儿子说："你是对的，我们正处在衰退之中，幸亏你早点提醒我！"

有时候不是事情本身给我们带来了不幸，而是我们自己给自身加上去的不幸。

大多数成功的人，都是有乐观的期待习惯的人。不管目前的情形怎样惨淡黑暗，他们对于"最后之胜利"总是有把握。这种乐观，会生出一种神秘的力量来，使他们奋发拼搏达到所希望的目的。期待是一种力量。在期待中，我们看到光明；在期待中，我们看到希望。

忍耐的智慧

假如你老是身感卑微、自甘低下，老是对你自己没有多大的期待，老是不相信世间的种种幸福是可以属于你的，你自然只能渺小卑微直到老死。

029

你对他人的恩情，会成为别人的负担

如果你必须向盟友寻求帮忙，不要惹人厌烦地去提醒他过去你给予他的帮助和恩惠，否则他一定会找到借口不予理睬。相反，指出你的请求和合作对他有利的地方，而且要大大地强调这点，一旦他看见自己的利益就会热诚地给予回应。

要赢得对方的心，最迅速的方法就是尽量以最简单的方式向他阐明你的行动如何让他受惠。自我利益是最强烈的动机：伟大的主张或许会俘获人心，然而一旦最初激动的心情平静下来，利益就成为惟一的旗帜，自利是最稳固的基石。晓以大义能诱惑他人的合作动机，但是自利才能最终保障交易的完成。

14世纪初，年轻的卡斯楚西奥跃升为意大利城卢加的城主。城里势力最强大的一个家族——波吉奥，在卡斯楚西奥充满背叛与流血事件的攀爬过程中出了大力，但是在卡斯楚西奥获得权力后，他们感觉遭到了遗弃——他的野心容不下任何感激。1325年，正当卡斯楚西奥出城与卢加的大敌佛罗伦萨作战时，波吉奥家族与城里其他贵族却在密谋除掉这位野心勃勃的城主。

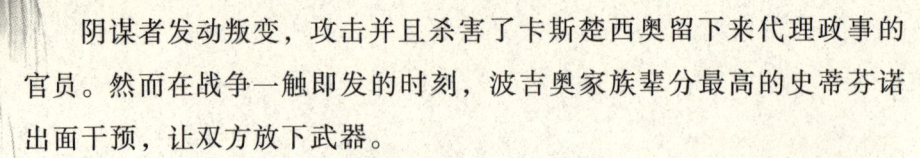

阴谋者发动叛变，攻击并且杀害了卡斯楚西奥留下来代理政事的官员。然而在战争一触即发的时刻，波吉奥家族辈分最高的史蒂芬诺出面干预，让双方放下武器。

当叛变的消息传到卡斯楚西奥耳朵里时，他迅速赶回卢加。然而等他回城时，叛乱已经平息了。史蒂芬诺以为卡斯楚西奥会感激他所做的一切，因此去拜见君王，向他解释他是如何带来和平的，他还提及自己的家族昔日对卡斯楚西奥的慷慨支援等等。

卡斯楚西奥耐心地听着他的诉说，看不出有丝毫生气或怨恨的样子，他请史蒂芬诺将整个家族的人带到王室来，倾吐他们的牢骚。当天晚上，波吉奥家族来到王室，卡斯楚西奥立刻下令囚禁他们，几天之后全部处决，包括史蒂芬诺。

实际上，对待像卡斯楚西奥这样的只懂得玩弄权术与自我利益的人，应该晓之以利，比如提供金钱给他，许下未来的承诺，指出波吉奥家族仍然有可以为他效力的地方等等，才有可能真正打动他，获得赦免。

然而，史蒂芬诺却希望动之以情，诉说些陈年往事，以及不具有约束力的恩情，这是最危险而不明智的举动。卡斯楚西奥非但不会感恩图报，往往认为恩情是除去而后快的沉重包袱，以免除自己对他们所负的义务。

在现实生活中，千万不要天真地认为，提及自己曾经与人的恩惠就会感动别人。通常情况下，这种恩惠诉求会给人带来压力，进而引起别人的反感，最终以悲剧收场。

忍耐的智慧

千万不要天真地认为，提及自己曾经与人的恩惠就会感动别人。其实，人们非但不会感恩图报，往往认为恩情是除去而后快的沉重包袱，以免除自己对他们所负的义务。

030

先让自己成为
传奇，然后再去张扬个性

高科技的发展改变了社会的经济结构，信息高速公路的开通，缩短了制造成功的过程。许多电脑奇才在一夜之间暴富，昨日的编程员，今天成了高科技 IT 公司的大股东。他们还来不及接受传统商业文化的洗礼和熏陶，就追随着偶像比尔·盖茨，穿着随意的牛仔裤和宽松的 T 恤衫，踏着无带的凉鞋，嚼着口香糖，喝着可口可乐，就来上班了。时代的幸运儿们跳过了传统的企业家、金融家发展所必然经历的艰辛的成功道路，他们虽然用最高效、最有活力的方式进行工作，但是却忽略了对传统的商务礼仪、商务文化的重视及培养。

英国一位华裔投资商在 1999 年网络腾飞的时代来到北京的中关村，和一位电脑才子会谈投资问题。他说："我怎么也不能相信这个穿着旅游鞋、牛仔裤、头发如同干草、说话结结巴巴的小子会向我要 500 万美金投资，他的形象和个人素养都不能让我信服他是一个懂得如何处理商务的领导人。"

比尔·盖茨的巨大成就以及他对世界的贡献决定了无论他穿什么、

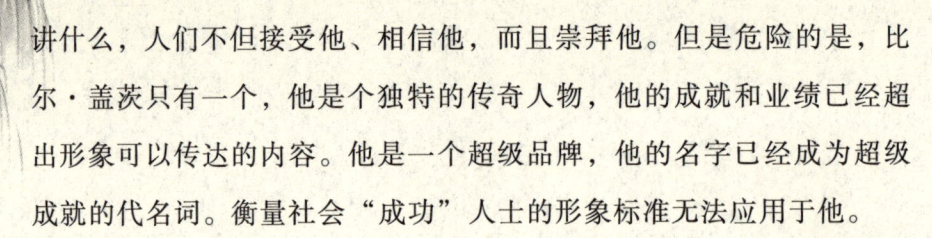

讲什么，人们不但接受他、相信他，而且崇拜他。但是危险的是，比尔·盖茨只有一个，他是个独特的传奇人物，他的成就和业绩已经超出形象可以传达的内容。他是一个超级品牌，他的名字已经成为超级成就的代名词。衡量社会"成功"人士的形象标准无法应用于他。

我们知道有许多名人都有非常突出的个性：爱因斯坦在日常生活中非常不拘小节，巴顿将军性格极其粗野，画家凡高是一个缺少理性，充满了艺术妄想的人。

名人因为有突出的成就，所以他们许多怪异的行为往往被社会广为宣传。有些人甚至认为，怪异的行为正是名人和天才人物的标志，是其成功的秘诀。其实这种想法是十分荒谬的。

名人确实有某些突出的个性，但他们的这种个性往往表现在创造性的才华和能力之中。正是他们的成就和才华，他们的特殊个性才得到社会的肯定。

当我们张扬个性的时候，必须考虑到我们张扬的是什么，必须注意到别人的接受程度。如果你还没有足够的资本来张扬这种个性——既没有取得卓越的成就，又不是公司老板，那么，这种个性就是一种非常明显的缺点。你最好的选择还是把它改掉，而不是去张扬它。

忍耐的智慧

你的个性只有融合到创造性的才华和能力之中，你的个性才能够被社会接受。如果你还没有取得成就，而且又不是公司老板，那么还是在提高自身的素养方面多下下功夫。

031

成由勤俭败由奢

根据上海一家权威调查机构对上海市内信用卡使用者展开的调查结果显示，上海青年中近三成人承认是每月薪水花到一元不剩的"月光族"，三成以上的人因为过度使用信用卡，成了"卡奴"，他们都是月光族与卡奴之类的"负翁"。

英国《金融时报》曾援引一份调查称，当今的美国富人大部分属于"新生代"，而他们的消费习惯多以节俭务实为主。

最近美国资深的市场研究专家吉姆·泰勒对美国500个流动资产不少于500万美元的家庭进行了一次研究，研究结果是：目前多数美国富人都来自中产阶级，大都经过自身努力奋斗才跻身到富人的行列。

调查发现，这些富人对奢侈品的了解有限，在购物的时候，他们注重质量、美观和品牌，但原则是能省一块就省一块。为了找到心仪的东西，他们也会上网购买。

这些富人甚至给商家提出建议："不要告诉我我需要什么，我知道自己需要什么"、"别用形容词，因为这等于暗示我们不会判断东西的品质"、"也别提'奢侈品'这个词，因为这不符合我们的要求"。

暴富后的洛克菲勒在外出旅行及洽谈生意时，总是会在住宿问题上

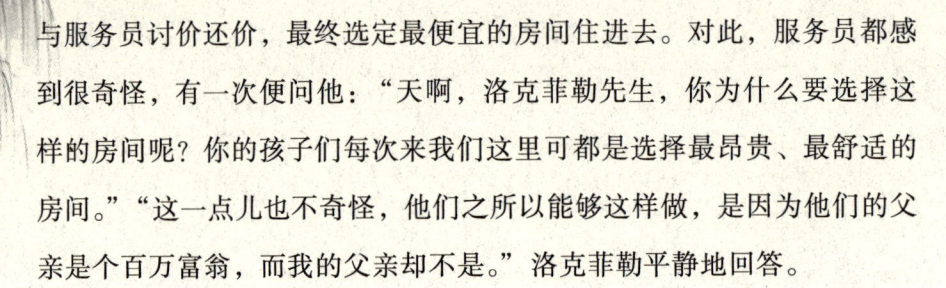

与服务员讨价还价，最终选定最便宜的房间住进去。对此，服务员都感到很奇怪，有一次便问他："天啊，洛克菲勒先生，你为什么要选择这样的房间呢？你的孩子们每次来我们这里可都是选择最昂贵、最舒适的房间。""这一点儿也不奇怪，他们之所以能够这样做，是因为他们的父亲是个百万富翁，而我的父亲却不是。"洛克菲勒平静地回答。

　　社会上有些人与其说是在遭受着缺钱的痛苦，不如说是在遭受着大肆挥霍浪费钱的痛苦。赚钱比懂得如何花钱要轻松容易得多，并非是一个人所赚的钱构成了他的财富，而是他的花钱和存钱的方式造就了他的财富。当一个人通过劳动获得了超出他个人和家庭所需开支的收入之后，他就能慢慢地积攒下一小笔钱财了。毫无疑问，他从此就拥有了在社会上健康生活的基础。这点积攒也许算不了什么，但是它们足以使他获得独立。

　　节俭是一种美德，许多大富豪都将节俭当成一种习惯。当李嘉诚戴着一只普通的电子表出现在各种场合时，他得到的不仅是经济上的实惠，更多的是公众的尊敬与信任。

　　没有一个赚多少就花掉多少的人干成过什么大事。那些赚多少就花掉多少的人永远把自己悬挂在赤贫的边缘上。这样的人必定是软弱无力的——受时间和环境所奴役。他们使自己总是处于贫困状态。既丧失了别人对他的尊重，也丧失了自尊。这种人是不可能获得自由和自立的。挥霍而不节俭足以夺走一个人所有的坚毅精神和美德。

忍耐的智慧

　　并非是一个人所赚的钱构成了他的财富，而是他的花钱和存钱的方式造就了他的财富。人穷百样缺，这不但会丧失别人对你的尊重，也会使自己丧失自由健康的生活。

032 有的时候，发牢骚有益健康

生活在现实社会中，我们每天都会遇上一些无聊的不愉快的事情，这就会给你造成很大的精神压力。要是这种压力过剩的话，人就无法保持心理平衡，势必影响身心健康，最终甚至导致神经问题。

每个人都应该注意自己的身体健康，更要保持心理健康。保持心理健康的一个最好的方法就是发牢骚。找一个自己信得过的人，把心中的不平、不满、不快、烦恼和愤恨统统地向他倾吐出来。

我们时常能看到有些人在下班回家的途中到酒馆去，一边喝酒，一边发牢骚。这实际上就是一种自我发泄方法。虽然看上去有损自我形象，但从心理健康的角度分析，这是很有效的方法。人可以通过发牢骚来消除心中的不平与不满。而且，发牢骚能缓解精神疲劳，使人感觉轻松愉快，第二天再精神饱满地去工作。

如果找不到发泄对象的话，最好就采取睡前写日记的方法，比如：科长不把我放在眼里，真是气死人了，将来有机会，我一定要好好地教训他一顿。这样写了以后，自己的心情就会好受多了。要是连写日记都嫌麻烦的话，你干脆就独自对着墙壁想说什么就说什么，发泄个够。

请记住,哪怕是一点小小的烦恼也不要放在心里,如果不把它发泄出去,它就会逐渐地越积越多,乃至引起最后的总爆发。你还要记住,你倾诉的对象不应是你抱怨的本人,否则,就会引起争执,带来更多的麻烦。

忍耐的智慧

发牢骚是缓解精神疲劳的一种方式。如果不把它发泄出去,它就会逐渐地越积越多,势必影响我们的心理健康。

033

积极的心态比外表更重要

奥德丽18岁时，乳房仍然没有发育，她觉得很害臊，低人一等，于是决定做丰乳手术。手术后不久，奥德丽出了点儿问题，又去找医生。在接下来的32年中，奥德丽进行了7次手术来缓解丰乳给她造成的痛苦。最后，在50岁时，她在修复乳房的手术台上停止了呼吸。

幸运的是，她的心跳只停止了几分钟，又被医生救活了。恢复知觉之后，她才意识到刚才发生的一切，她决定永远切除假乳房。一个月后，奥德丽出现在一个讲习会上，面对一大群人，泪流满面地讲述她的故事。"32年来，这是我第一次没有假乳房站在大家面前。我的胸是平的，但我比过去更具有生命力、更快乐。最后我终于意识到，我的人生比我的乳房更重要。"

外表是重要的，我们尊重那些注重外表的人，我们也会尽力让自己看起来很棒。当然，如果树立了积极的形象，你会走得更远。

忍耐的智慧

没有自信的人，才从外表上寻求依赖。而积极的形象远比外表更重要。

034

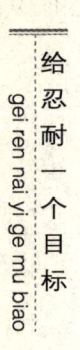

在虚拟的世界里，
不会得到真正的快乐

　　卡内基梅隆大学的研究员随机抽取了当地的169个人，进行了为期两年的调查。研究内容是跟踪这些人使用互联网的情况，并记录下互联网对于快乐和人际交往的影响。调查还得到了计算机公司和软件公司的赞助。最初，研究员们确信，在网络上建立越多种类和越为丰富的人际关系，与世隔绝的感觉就会越小，舒适感就会越大。

　　但是，调查结果却让赞助商和研究员们大吃一惊，甚至惊惶失措。他们发现，在互联网上建立的交往关系越多，在网络上花费的时间越长，人们反而感觉更加孤独和消沉。的确，尽管电子邮件和聊天室在数量上扩大了交际范围，但在质量上都很肤浅；而花费在上面的时间，却割裂了与家庭和朋友之间更为重要的人际关系。的确，与人进行面对面的交流，变成了安全与快乐不可或缺的首要元素。

忍耐的智慧

　　不要把自己的时间、精力浪费在虚拟的世界里，它只会让你变得更加孤僻。快乐不在于跨空间的穿越，它来源于真正的生活。

035

学习的能力决定了生存的状态

  一位朋友的父亲，近来脑部动了点儿小手术。术后恢复得还行，但就是有一个毛病，他读报的时候，每一个字都认识，可就是不知道文章说的是什么意思。

  你一定会同情这位老人，可是想过没有，我们从某种意义上来说，或多或少都患有这种毛病。比如，不接触IT的人读IT文章，不炒股的人看财经股市，不也会出现"字都懂，但不懂什么意思"的尴尬情形吗？更可怕的是，一个专业人士由于自己研究的领域知识日新月异，也会出现读不懂的情况。

  从上9年级卫生保健课的第一天起，教室里的一块黑板上就画有一幅人体解剖图，上面标着人体主要骨骼、肌肉的名称和部位。整整一个学期，这幅人体解剖图就一直在那里，不过老师从来没提起过它。

  期末考试那天，同学们一进教室，发现画有人体解剖图的黑板已被擦得干干净净。那次考试惟一的试题是：写出人体各主要骨骼、肌肉的名称和部位。全班同学异口同声地抗议："我们从来没学过这个！"

"这不是理由！"老师反驳道，"那幅解剖图在黑板上已经好几个月了。"无奈之下，大家只好勉强答题。过了一会儿，老师把试卷全部收起，然后尽数撕碎扔到了垃圾桶里。"永远别忘记，"老师最后严肃地告诫大家，"你们来学校上学，不仅要掌握老师教给你们的，更要懂得去主动学习老师没有教给你们的知识。"

管理大师彼德·德鲁克也说："下一个社会与上一个社会最大的不同是：以前工作的开始是学习的结束，下一个社会则是工作的开始就是学习的开始。"你不断学习到的新知识远比你已经知道的东西重要很多。

在这个变化快速、压力巨大的年代，一个人能否生存下去并生存得很好，不在于他的学历，很大程度上取决于他是否能保持学习的心态和学习的能力。这种学习不是死背书本无用的知识，也未见得把一门学术搞得精且又深，而是要不断提高学习的能力，以适应这个快速变化的世界。

忍耐的智慧

一个人能否生存下去并生存得很好，在很大程度上取决于他的学习能力。

036

学会低头是一种智慧

非洲的大沙漠中有一种叫艾米的小花，天生一花四色，美丽异常，但是，每一次花开却要等待4年。在恶劣的环境中，它只能低头，默默地收起自己的枝叶，将根深深地扎于泥土中，积蓄力量，为的就是那鲜花绽放的一刻。

我们从小所接受的是"永不低头"、"永不言败"的教育，否则你就是懦夫。可事实并非如此。有时候，适当的低头，是一种处世之道，是一种做人的哲学。生活中，我们只有在该低头时就低头，才会在人际交往中立于不败之地。其实，"学会低头"是一种人生智慧。

青梅树下，一座小亭，一壶热酒，面对傲慢霸气的曹操，困于牢笼的刘备遇到了人生路上的小门，而他是明智的。身为皇叔，却只忙于苗圃；胸有抱负，却能锋芒不露；心怀天下，却可韬光养晦。曹操论天下英雄"惟使君与操耳"，刘备惊愕掉筷，却能以惊雷为借口，丝毫不显英雄之气概——终于，他度过了自己人生中的一大难关。夺荆州，占巴蜀，平南蛮，刘备终为天下蛟龙。刘备的低头是英雄的能屈能伸。

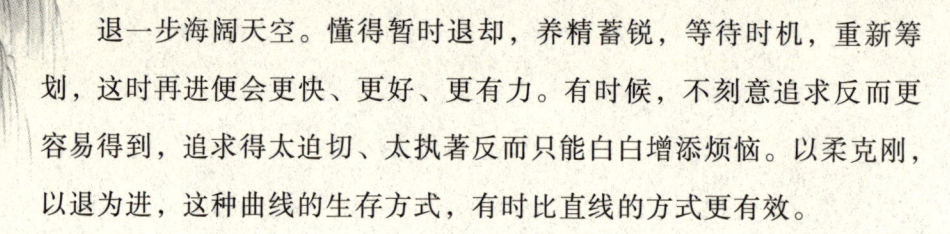

退一步海阔天空。懂得暂时退却，养精蓄锐，等待时机，重新筹划，这时再进便会更快、更好、更有力。有时候，不刻意追求反而更容易得到，追求得太迫切、太执著反而只能白白增添烦恼。以柔克刚，以退为进，这种曲线的生存方式，有时比直线的方式更有效。

一个人虽然不能没有自己做人的准则，但一味"方正"，不会"圆通"，该"低头"的时候不能"委屈"求全，就不能进退自如而陷入被动。只有硬度而没有弹性和韧性的钢材称不上好的钢材，负重前进的车轮，必须是圆形，还得加上润滑剂。我们在为人处世上倘若过于"有棱有角"，直来直去，凡事没有变通的余地，一味的刚强，一味地强撑，只会给自己带来不必要的伤害甚至牺牲。

人生不如意之事十有八九，有时遇到人生路上的坎坷，我们其实不必昂首挺胸，径直去撞得头破血流，稍稍低一低头，弯一弯腰，侧身而过。这一低头、一弯腰、一侧身，不是意味着懦弱无能，而是另一种大智慧，大胸怀，大抗争。

忍耐的智慧

只有硬度而没有弹性和韧性的钢材称不上好的钢材，一味地"有棱有角"，直来直去，凡事没有变通的余地，也不是最好的处世方式。

037

拒绝是一门艺术

凡事拒绝巧妙，不但不会得罪人，反而会收到比施予更好的效果。因此，拒绝也是一门大学问。世事百态，拒绝没有固定模式，关键要因地制宜，对症下药，而树立巧妙拒绝的意识则是重中之重。

19世纪英国首相狄斯雷利的拒绝方法令人拍案称绝。据说，当时有位野心勃勃的军官要求被封为男爵，可是他又不具备加封条件，强行加封恐怕难以服众。但狄斯雷利又不想得罪此人，因此这件事一直困扰着他。

直到有一天，他把这个军官叫到办公室单独与其谈话："亲爱的，原谅我不能封你为男爵，但是我会给你比此更加珍贵的东西。"迟疑片刻，他接着说，"我将告诉众人，我几次要封你为男爵，都被你拒绝了。"没几天，这个消息便迅速传开了，大家纷纷称赞军官淡泊名利。军官也从此成了狄斯雷利的忠实后盾。

狄斯雷利既委婉地拒绝了军官，同时又为自己赢得了友谊；既为他人留足了面子，又不违背自己的本意。这大概就是政治家的不凡之处吧。

现实生活中，当人们面临权威人物的种种刁难、要求、命令时，往往碍于面子或者出于恐惧、敬畏之心，就委曲求全。当然服从比拒绝要容易得多，却会酿成无穷的后患，你要为此付出很大代价。所以，明智之士懂得拒绝，他们能够当机立断，又讲究技巧，永远把握住生活的主动权，即使是处于风口浪尖，他们也能跳出美丽的芭蕾。从某种意义上说，巧妙地拒绝别人是一种举重若轻的睿智，也是人生的大智慧。

忍耐的智慧

明智之士懂得拒绝，他们能够当机立断，又讲究技巧，永远把握住生活的主动权，即使是处于风口浪尖，他们也能跳出美丽的芭蕾。

038

熟悉的地方没有风景

我们总是去嘲笑骡子，因为它们认为邻居草场的草比自己草场的草更好吃，所以它们费力地伸着脖子去吃邻家的草，而邻家的草地其实与它所在的草地并没什么两样。

低等动物的这种行为特点却非常鲜明地反映在了高等动物——人的身上。即使孩子们拥有和其他孩子一样的玩具，但他们总是认为别人的东西会更好一些。于是他们很快就丢下自己的玩具，然后去抢其他孩子玩的东西。

成年男女其实就是长大了的孩子。他们低估自己所拥有的东西而高估他人所拥有的东西，似乎这是人类的本性。大多数人都会看轻自己所拥有的财产、周围的事物和自己所处的状态。他们总是认为自己的东西比别人的差，并把别人所拥有的东西无限放大。

我们总是会发现那些不满意自己命运的人，他们认为如果换个地方或者工作自己就会快乐。这样的人只能看到自己工作的不如意之处和别人的机会。

农村的孩子倚在犁柄上，用充满饥渴的眼睛望着城市，如果他能够摆脱农场繁重的劳作，他就要穿上漂亮的衣服，拿着码尺站在柜台后面！幸福、财富、机会以及所有的事情都似乎不在眼前而处在遥不可及的地方。他只能在自己的周围看到痛苦、劳累和贫穷，对任何事情都没有兴趣。

城市里的年轻人则站在柜台后面或者坐在办公室高高的椅子上，抱怨命运把他们束缚在钢筋、水泥之内和各种生意往来的烦躁之中。他们想，如果能到遥远的乡村去旅行或者到农场过着自由的生活，那该有多好啊！他们认为那样的生活可能更有意义，认为自己现在的生活没有任何机会可言！

美国《幸福》杂志曾经在"征答栏"中征答这样一个问题：假如让你重新选择，你会做什么？

军界要人说他要到乡村开一家杂货铺；一位女部长说她要到一个风景优美的地方经营一家小旅馆；一位市长说自己最大的愿望是改行当摄影师；一位劳动部长说要当一位饮料公司的经理。商人们的回答更让人大跌眼镜，有的想变成女人，有的甚至想变成一棵树。而老百姓恰恰相反，想当总统、想当商人、想变成有钱人。

这个征答结果出现了荒谬性。那就是世界上没有一份好工作，因为所有人都希望换一种活法。熟悉的地方是没有风景的，这不错。但奇怪的是，那么多人竟然没有从工作中得到自己的快乐。他们想像中的快乐不在身边，而在别人那里。

人的生命很短暂，每个人都没有重新选择的时间和机会，很多时候，你只能做你自己。人很多时候没法选择工作、境遇，但是每个人都可以选择对待工作、境遇的态度。

忍耐的智慧

不要老是妄想去坐在国王的餐桌前，坐在自己家里的饭桌前更好，因为在那里你便是国王。

039

控制力越强，压力就越小

当人们认为他能控制他的周边世界、控制他的工作的时候，他的心理上是安全的；如果当他感觉到这一切都不在他的控制之下，压力感便悄然袭来。让我们回想一下吧，你肯定有过这样的经历：你到一个不是很熟悉的亲戚家做客，别人非常热情，你对此也确信无疑，他们留你在他们家过夜，你会感到很不自在，甚至有压力。在经济能力许可的情况下，你还是希望去住酒店。为什么？这是因为在那里，你失去了控制感。

在一项实验中，科学家把被试者分为两个组：他们都在同样分贝的噪音条件下工作，但甲组可以随时把噪音关闭；乙组则没有这种权利。但事实上甲组的被试者并没有关闭噪音。结果却显示：甲组的工作成绩明显高于乙组，而且他们的心情也好得多。

这一实验表明：控制感越小，压力就越大；控制感越强，压力就越小。压力的大小与控制感呈负相关。当人们认为一切都在自己的掌控之中时，他的压力感就小；当认为自己无法控制局面时，他的压力感就骤然增大。

一个仓库保管员负责看管仓库，可除他以外，还有5把钥匙在他的各路领导手中。这些领导可随意进入仓库，而仓库里所有物品的损坏与丢失都由保管员负责。你说他怎能不处于惶惶不可终日之中？再看看那些淡定的领导人和企业家，一切都尽在他的掌控之中，他们还有什么可烦躁不安的呢？

邻居家的一棵大树盘根错节，枝叶茂盛，遮住了你家后园菜地的阳光，你想与他商量一下这个问题，是应该到他家去呢，还是请他到你家来？

心理学家拉尔夫·泰勒等人曾经按支配能力（即控制能力），把一群大学生分成上、中、下三等，然后每等组成一个小组，让他们讨论大学10个预算削减计划中哪一个最好。每组一半的成员在支配能力高的学生的寝室里，一半在支配能力低的学生的寝室里。泰勒发现，讨论的结果总是按照寝室主人的意见行事，即使主人是低支配力的学生。

由此可见，一个人在自己或自己熟悉的环境中，比在别人的环境中更有说服力。所以在日常生活中，我们应充分利用居家优势，如果不能在自己家中或办公室里讨论事情，也应尽量争取在中性的环境中进行，这样至少对方也没有居家优势。

忍耐的智慧

当人们认为他能控制他的周边世界、控制他的工作的时候，他的心理上是安全的，否则，他会有压力。这种压力与他所能控制程度的大小有关。

040 合作是为了更好地生存

当嫉妒进入竞争领域的时候会变得极其有害,其危险之处是它使我们只想到自己好——不是通过搞好自己的生意,而是通过搞垮我们的对手。犹太人认为,老是希望别人倒霉的人,在做生意上一定不是一个有进取心的人,很难取得更大的成功。别人垮掉了,除满足了自己的自私欲望外,实际上你没有得到任何收益。

犹太商人在这种情况下总是告诫自己:"你仅仅是个小生意人而已!"你并没有足够的力量改变整个市场的格局。比如说,如果你经营的饭店价高、质劣、服务差,顾客自然都跑到你旁边的几家饭店去了。假如有那么一天你暗中的诅咒应验了,一场大火烧了你旁边的几家饭店,你的营业额也一定不会因此而好到哪里去,人们宁可多走几步,到远一点的饭店去。况且,过不了几个月,你就会发现,你旁边又会新冒出几家饭店,与你一较高低。你不妨忘掉你的竞争对手是一个人,而把他当作一个统计数字,如营业利润、财富积累等,这是一个你要超越的数字。数字比人更具体、更简单,以数字为目标只会激起你的斗志,而不会滋长你的嫉妒。如果你不能在规模和分量上战胜

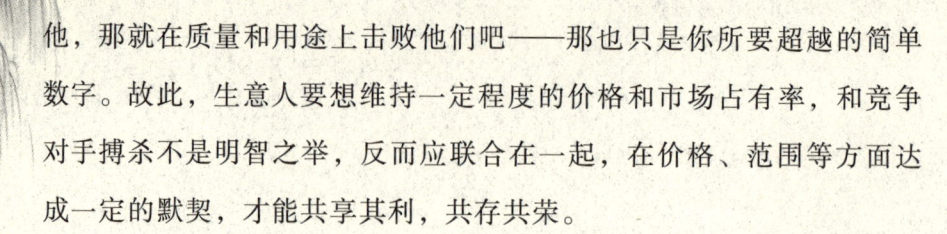

他，那就在质量和用途上击败他们吧——那也只是你所要超越的简单数字。故此，生意人要想维持一定程度的价格和市场占有率，和竞争对手搏杀不是明智之举，反而应联合在一起，在价格、范围等方面达成一定的默契，才能共享其利，共存共荣。

生意场有这样一个规则：如果你不让别人赚一千，你自己连一百也赚不到。

如果大家绞尽脑汁相互拼杀，最后只能是两败俱伤。曾有两间门对门的杂货店，店主为了招揽顾客，相互展开了一场压价大战，把自家商店的商品价格一降再降，斗到兴起，最后竟降到低于进货价格。结果自然是双双关门大吉，真正"停战"了。而顾客呢，开始时还挺踊跃的，经再三减价后，反而驻足不前，门庭日渐冷落。原来，连续的降价，反而使顾客以为他们的商品是劣质冒牌货呢！

"我赢你输"的模式会导致一种代价昂贵的胜利，从而使"我赢你输"变成"双输"。而通过伤害别人获得的成功，这种成功不会是彻底的，因为你很难彻底消灭对手。而受伤的对手往往是最危险的。

最明智的做法是合作，通过制定共同遵守的行规，从而取得双赢。又或者，通过优势互补，相互促进而不是相互破坏，真正做到了你好我也好，大家共同发财，皆大欢喜。

忍耐的智慧

如果你不让别人赚一千，你自己连一百也赚不到。与其费尽心思地去算计对手，不如把自己做大做强。政治上的最高境界是妥协，经营上的最高境界是合作与共享。

041

有机会，
更要有利用机会的能力

　　有机会并不等于成功，它只不过是成功的客观条件，机会需要在人的主观能力和环境条件成熟的情况下，才能证明其真正的价值。所以我们不能用诸如"生命不息，战斗不止"之类的大套话来激励人们创造机会，而是应该在机会来临之前，先提升自我的能力素质。如果自我的能力素质不到位，只是天天在为机会而奔忙，那就叫"生命不息，折腾不止"了。

　　1943年，在伯恩斯坦担任乐团第二指挥的时候，有一天演出之前第一指挥生病了，临时由他代为上场。25岁的他，在后台紧张得要命，上台后，又发现自己摆在谱架上的总谱是别的曲子，他就更紧张了。无奈，他只好硬着头皮，凭着自己对乐曲的记忆，尽情地发挥。演奏结束后，台下的观众起立、鼓掌、尖叫，伯恩斯坦就这样"一炮而红"。他充分地证明了自己的自身实力，这个实力就是他的音乐天赋以及他平时的刻苦训练。我们可以想象，如果当时不是伯恩斯坦，而是科学家爱因斯坦，是高尔夫球天才索伦斯坦，是哲学家维特根斯坦，情况又会怎样呢？还不是白白地浪费机会？

所以，我们在关注创造机会的能动性时，应该在能力上多加以考量，而不是一味地把着眼点集中在"机会"这个词上。在现实当中被浪费的机会，没有发挥作用的机会比比皆是，我们不能根据成败，神化没有得到能力支持的机会对改变一个人一生的决定性价值。

以前，广东电视台晚间有一档节目叫《财富智商》，主持人曾这样阐述能力与金钱的有趣关系："如果你没有钱，不要怕，你要锻炼和培养自己的能力，当你的能力达到一定程度的时候，钱会来找你。"现在想来，此话不无道理。

乔丹打篮球成为世界顶尖篮球巨星，不但一年能挣几千万美金，而且有人找他拍电影，有人找他拍广告，有人找他出书。请问他的运动鞋需要自己买吗？不用，耐克会提供；他穿的西服需要自己买吗？当然也不用，别人不但免费提供，还要付他广告费，甚至香水厂商还借乔丹的名字与肖像生产乔丹牌香水。乔丹什么事都不用做，只要出名字与头像，别人就送他30%的股份。为什么？因为他是名人，曾比别人付出了更多的努力。

不要去抱怨没有机会，首先把自己培养成顶尖人物，世界上美好的东西就会自动向你靠拢。

忍耐的智慧

在机会来临之前，先提升自我的能力素质。我们在关注创造机会的能动性时，更应该在能力上多加以考量。

042

成功需要的仅仅是勇敢的行动

听说英国皇家学院公开张榜为大名鼎鼎的戴维教授选拔科研助手，年轻的装订工人法拉第激动不已，赶忙到选拔委员会报了名。但临近选拔考试的前一天，法拉第被意外通知，取消他的考试资格，因为他是一个普通工人。

法拉第愣了，他气愤地赶到选拔委员会，委员们傲慢地嘲笑说："没有办法，一个普通的装订工人想到皇家学院来，除非你能得到戴维教授的同意！"

法拉第犹豫了。如果不能见到戴维教授，自己就没办法参加选拔考试。但大名鼎鼎的皇家学院教授会理睬一个普通的装订工人吗？

法拉第顾虑重重，但为了自己的人生梦想，他还是鼓足了勇气站到了戴维教授的大门前。教授家的大门紧闭着，法拉第在教授家门前踌躇徘徊了好久。终于，教授家的大门被一颗胆怯的心叩响了。

院子里没有声响，当法拉第准备第二次叩门的时候，门却"吱呀"一声开了。一位面色红润、须发皆白、精神矍铄的老者正注视着法拉第："门没有闩，请你进来。"老者微笑着对法拉第说。

"教授家的大门整天不闩吗？"法拉第疑惑地问。

"干吗要闩上呢？"老者笑着说，"当你把别人闩在门外的时候，也就把自己闩在了屋里。我才不要当这样的傻瓜呢！"老者是戴维教授，他将法拉第带到屋里坐下，聆听了这个年轻人的叙说和要求后，写了一张纸条递给法拉第："年轻人，你带着这张纸条去，告诉委员会的那帮人，说戴维老头同意了。"

经过严格而激烈的选拔考试，书籍装订工人法拉第出人意料地成了戴维教授的科研助手，走进了英国皇家学院那高贵而华美的大门。

演讲大师齐格勒提醒我们，世界上牵引力最大的火车头停在铁轨上，为了防滑，只需在它8个驱动轮前面塞一块一英寸见方的木块，这个庞然大物就无法动弹了。然而，一旦这个巨型火车头开始启动，小小的木块就再也挡不住它了。当它的时速达到100英里时，一堵5英尺厚的钢筋混凝土墙也能被它轻而易举地撞穿。从一块小木块令其无法动弹，到能撞穿一堵钢筋水泥墙，火车头的威力变得如此巨大，原因不是别的，只因为它开动起来了。

如果你只是在那里浮想，而不采取行动，如停在铁轨上的火车头，就连一块小木块也无法推开。

成功的大门对每个人来说，永远都是敞开的。但是太多的人从它面前匆匆而过，因为怯懦的他们认为它是锁着的，开启它需要知识、经验、背景等等。但少数精英走过去才发现，成功需要的仅仅是勇敢的行动。

忍耐的智慧

一个成功者和一个失败者之间的区别，往往不在于能力的大小或想法的好坏，而在于是否有勇气依赖自己的想法，在适当的程度上敢于冒险和行动。

043

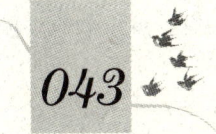

与其嫉妒他，不如超越他

　　叫别人嫉妒你，是件失败的事，它会使你在不知不觉之间成为很多人的敌人。所以务必学会谦虚谨慎的工作作风和与人为善的人际态度。尽可能地把成绩的取得归功于集体的力量，把成绩分到每个人头上，高姿态地对待别人的嫉妒，把它看成是成功的一种标识。

　　总之，遭人嫉妒绝对不是好事，但嫉妒别人也同样不是好事。如果你有了嫉妒之心，又无法加以消除，那么千万不要让它转变成破坏的力量，因为这种力量会伤人也会伤己，而且嫉妒还会阻碍你的进步。嫉妒者往往抓不住自己的幸福，他们经常在别人的人生中生存着，到最后甚至就连自己也难以把握。

　　冯骥才先生曾和一位日本朋友参观一处富人区，日本的富人区小巧、幽静、精致，每座房子都像一个首饰盒，很美。冯先生问日本朋友："你们看到富人们住着这么漂亮的房子，会嫉妒吗？"这个日本朋友稍稍想了想，摇摇头说："不会的。"继而他解释道，"如果一个日本人见到别人比自己强，通常会主动接近那个人，和他交朋友，向他学习，把他的长处学到手，再设法超过他。"冯先生感叹道：日本人真厉害。

前不久,一位南方朋友来看冯先生,闲谈中说到他们的城市发展很快,已经出现国外那种"富人区"了。据说有的院子里还有喷水池、车库,门口有保安,还养了大狼狗。冯先生问他:"当你看到富人们住在这么漂亮的房子里,会不会嫉妒?"

"嫉妒?"这位南方的朋友眉毛一扬,笑道,"何止嫉妒,恨不得把那小子宰了!"冯先生怔住了,半响无言。

与其嫉妒别人的胜利,不如为他们欢呼,把自己放在他们的处境上,分享他们胜利的快乐,好像胜利属于你一样。如果有人获得了你梦想的成功,这表明你的目标是可以实现的,当你想到这点时,你离目标也就不远了。他们的胜利就是你的胜利,有了这种双赢的思想之后,你的精力会转移到你一直渴望的成功上,这一切并没有牺牲他人,而是与他们共同追求成功。

忍耐的智慧

嫉妒伤人也会伤己,并且还会阻碍你的进步。嫉妒者往往抓不住自己的幸福,他们经常在别人的人生中生存着,到最后甚至就连自己也难以把握。

044

为了别人，
善良的人总是选择自己忍耐

在美国印第安保护区有个原始部落，这个部落一直保持着一种习俗——赤身裸体，即使是集会也不例外。外界的文明自然无法容忍这种野蛮的行为，因为这个特别的习俗，让这个原始部落饱受外人的白眼与嘲笑。但即便如此，他们仍然不愿意改变这个传统。

有一年，这个原始部落不幸发生瘟疫，全族人几乎都被感染。为了活命，他们决定到邻近的城镇里，邀请一位当地有名的医生前来帮助他们治病。然而，当这位医生一想到他们的传统，便感到相当为难。但是，心地善良的医生看着跪在地上的求助者，使命感与责任感便不断地被激起，最终他还是勉为其难地答应了。

当使者回去把这个消息告诉部落里的族人时，他们高兴地欢呼起来，但是接着，他们又犯了难，那就是他们的传统习俗。为了迎接医生的到来，原始部落的族人们紧急开会决议，为了表示对这位名医的尊重，他们决定破例穿上衣服。所以，这天所有族人都穿上了衣服，有的人甚至打上了领带，齐聚在教堂里，等待医生的到来。

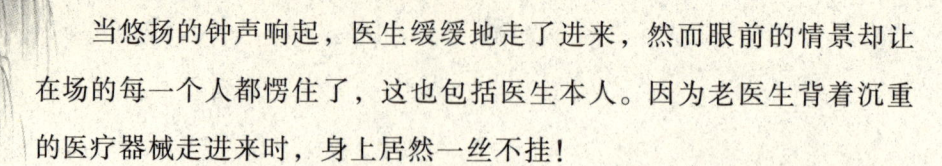

当悠扬的钟声响起，医生缓缓地走了进来，然而眼前的情景却让在场的每一个人都愣住了，这也包括医生本人。因为老医生背着沉重的医疗器械走进来时，身上居然一丝不挂！

有些人可能把这个故事当成了笑话，印第安人和医生都在做着和对方背道而驰的事情，但是你就没有被那些人的善良感动吗？一方为了外界的文明，一方为了部落里的习俗，他们的心是向善的，他们的行为是高尚的。为了他人，他们忍受住自己的不适，打破心中的条条框框的束缚。

善良的人总是会选择自己忍耐，避免当事人受到心灵的冲击。

忍耐的智慧

他们的心是向善的，他们的行为是高尚的。为了对方，他们忍受住自己的不适，避免当事人受到心灵的冲击。

045

不要让被帮助
的人有接受施舍的感觉

　　有一位仁慈的富翁,在建房时特意将屋檐修得很长,好让那些无家可归的人暂时在檐下遮阳避雨。房子建成后,果然有许多人聚集到大屋檐下面,他们打牌、喝酒,甚至摆起摊子做买卖,支起炉子生火煮饭。嘈杂的人声和刺鼻的油烟味使富翁的家人不堪其扰,经常与屋檐下的人发生争吵。有一年冬天,一个老人在大屋檐下面冻死了,大家纷纷指责富翁为富不仁。

　　一场罕见的飓风袭来,别人家的房子安然无恙,富翁家的房顶却被掀掉了,因为它的屋檐太长。于是,人们幸灾乐祸地说:"恶有恶报。"

　　富翁很伤心,但他心底的善念没有改变。重修房顶时,他把屋檐修得和别人家一样长,而用省下来的钱在别处盖了一间小房子,以容留那些无家可归的人。尽管小房子所能荫庇的范围远远不如以前的大屋檐,但它四面有墙,是栋正式的房子。所有在那里逗留过的人,无不感念富翁的恩德。渐渐地,富翁成了一个德高望重的人。

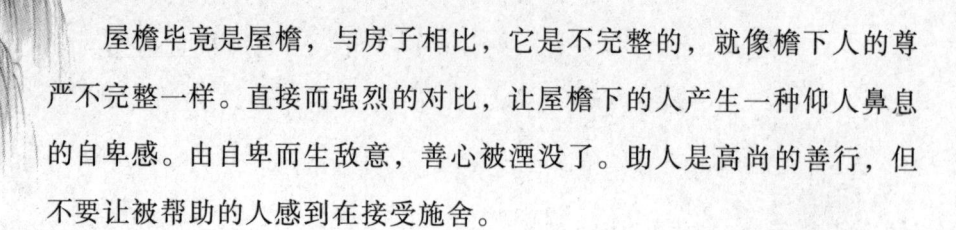

屋檐毕竟是屋檐，与房子相比，它是不完整的，就像檐下人的尊严不完整一样。直接而强烈的对比，让屋檐下的人产生一种仰人鼻息的自卑感。由自卑而生敌意，善心被湮没了。助人是高尚的善行，但不要让被帮助的人感到在接受施舍。

忍耐的智慧

接受施舍，会让人产生一种仰人鼻息的自卑感。即使你在不断地帮助他，他也会对你心存敌意。

046

我们要解决的
不是压力，而是对待它的方式

　　人活在世，虽然无法逃避生活和工作中的种种压力，但是人有办法战胜它。战胜它的最佳办法就是：将压力变为动力。

　　美国曾有一位旅行者在乡间旅行时突遇泥石流，情急之下，他的奔跑速度居然打破了世界纪录；一位英国冒险家在旅行途中遭遇地震，被埋在混凝土中，他竟将一块半吨重的混凝土移开。一个人饭后散步时可以背起手来，闲情漫步，如果让他挑上百斤重担，便会立即小跑起来。这是为什么？答案是压力产生了动力。

　　正如莎士比亚所说："压力是一柄双刃剑。"的确，它并无好坏之分，就看你怎么对待了。如果你一味地向前看，那么压力必将把你压倒；如果你一味地向后看，那么你又脱离了压力。脱离了压力就等于失去了自己的位置，永远看不到希望所在。压力决定不了你，但你却因压力不同而不同。不管我们面对怎样的压力，只要我们不去逃避，就会打造出一片属于自己的天空。正确地对待压力，可以使人进步，反之，则会成为失败的根源。生活中，多数人面对压力，都能奋力拼搏。他们深知，踩着压力的基石过去，最终必能上岸。而那些在压力面前手足无措的人，终将一事无成。

如同"水可载舟，亦可覆舟"一样，压力既有好的一面，也有坏的一面。如果能把压力变成动力，那么压力就会是蜜糖；如果把压力积在心里，让它无休止地折磨自己，那么压力就会变成砒霜。

忍耐的智慧

如果能把压力变成动力，那么压力就会是蜜糖；如果把压力积在心里，让它无休止地折磨自己，那么压力就会变成砒霜。

047

挫折只是命运的附属品

一位钢琴演奏家用了近 20 年时间提高技艺，就在他炉火纯青，即将横空出世、声名大振时，一场车祸夺去了他的双手。他将怎样去面对这悲惨的命运？

这位钢琴演奏家再也无法继续他的钢琴之梦了，但他却成了一位著名的演说家。

在打击和磨难面前，仅仅停留于无休止的叹息，怨天尤人，诅咒命运，这样做是最容易的，却是最没有用处的。它不会帮助你改变现实，只会削弱你跟厄运抗争的意志。现实终归是现实，并不会因为你的诅咒而有所改变。怨恨和诅咒人人都会，但从怨恨和诅咒中得到好处的人却从来没有。

悲观绝望、自暴自弃，承认自己无能，这是意志薄弱、缺乏勇气的表现，也是自甘堕落、自我毁灭的开始。用悲观的心态来对待挫折，实际上是帮助挫折打击自己，是在既成的失败中，又为自己制造新的失败；在既有的痛苦中，再为自己增添新的痛苦。

我们应该相信，挫折只是命运的附属品，它绝不能决定命运。命

运还要靠我们自己来选择,来掌握。

30年前,阿顿是一个破产的电动机厂的老板,在法院通知他上法庭听候破产判决的那天,太太与他离了婚。阿顿当时十分痛苦,昨天银行还在向他微笑,今天就从他手上冷冰冰地拿走了房子;昨天还在为自己工作的员工,今天就都拿了破产保证金走了;昨天还是自己的汽车,今天就上了拍卖会;昨天还和自己同床共枕的女人,今天却大难来时各自飞……

面对残酷的事实,阿顿并没有被击倒,他选择了一条路——捡破烂生存!每天他都背一大袋的可乐空瓶去卖,并且每天都要总结他一天的成功之处,分析这一天的失败之处,久而久之就养成了一个很好的工作习惯,而且一直保持到现在。

今天的阿顿已成为新西兰的首富,令人惊奇的是,他起步所用的资金就是由他捡破烂换回的。他曾说:"厄运在当时可能让你恐惧,但是,当你走过了厄运,你会发现,正是厄运给了你重新再来的机会!"成功的人不是从未被困难击倒过,而是在被击倒后,还能够积极地向成功之路不断迈进。

只要活着,人生就有希望。只要希望还在,人生就没有真正的失败。

忍耐的智慧

用悲观的心态来对待挫折,实际上是帮助挫折打击自己,是在既成的失败中,又为自己制造新的失败;在既有的痛苦中,再为自己增添新的痛苦。

048

成功是一种心理习惯

对一种行为的每一次重复,都会增加我们再次实施它的几率。我们自己的体内有一种神奇的机制,那就是倾向于不断地、甚至是永久性地重复,而且这种倾向的灵活机敏性也随着重复次数的增加而不断地提高。最终的结果是,开始的行为,由于自然的条件反射,成了自动的行为,不再受大脑的控制。

有一头驴子,自小就在磨房里拉磨,日复一日地绕着石磨兜圈子,十几年如一日,勤勤恳恳。有一天,它终于老得再也拉不动石磨了。主人觉得它劳苦功高,决定把它放养到旷野之中,让它在绿草地里自由自在地度过余生。但这头驴子从来就没有享受过蓝天白云下的自在生活,它已经失去了作为动物融入大自然的天生本领。在如此宽阔的天地中,这头驴子惟一能做的就是在吃饱以后,绕着一棵树不断地兜圈子,直到最后死在这棵树下。

习惯是一种顽强的力量,它可以主宰人的一生,一切天性和诺言,都不如习惯有力。好的习惯会使你的人生受益无穷。正如威廉·詹姆斯所说:"播种一种行为,收获一种习惯;播种一种习惯,收获一种

性格；播种一种性格，收获一种命运。"

  成功是一种习惯，放弃也是一种习惯。成功者从来不半途而废，成功者从来不投降，成功者不断鼓励自己，鞭策自己，并反复地去实践，直到成功，这就是成功的必由之路。那为什么众多的人拼命地努力却没有成功呢？仔细研究一下就会发现，他们身上都有着一个共同点，那就是他们习惯了放弃，而恰恰是这种放弃导致了他们的不成功。

忍耐的智慧

  习惯是一种顽强的力量，它可以主宰人的一生，一切天性和诺言，都不如习惯有力。因此，你要成为习惯的主人，而不要成为它的奴隶和仆人。

049 "酸葡萄心理"的积极作用

《伊索寓言》中讲了一个关于狐狸与葡萄的故事：饥肠辘辘的狐狸突然发现，几大串熟透了的葡萄悬挂在葡萄架上。经过多次的跳跃尝试后，它仍然没能摘到葡萄。最后它因为没有吃到葡萄而贬低葡萄，以"葡萄是酸的"、"我才不想要呢"、"不值得"等言语来安慰自己。

"酸葡萄心理"是指当人的行为没有达到所追求的目标时，为减少焦虑、痛苦，保持自尊而寻找种种理由来安慰自己或替自己辩护，从而心安理得的一种方式。

《伊索寓言》中还有这样一个故事：有只狐狸肚子饿了，就出来找食物吃，它本来想找些可口的东西解解馋，可只找到了一只酸柠檬。狐狸舍不得扔掉那只酸柠檬，就把它揣在怀里，继续寻找食物。找了半天都没有找到任何食物，于是它从怀里掏出那只酸柠檬，对自己说："这柠檬真甜，正是我想吃的。"说罢便皱起眉头吃了起来。

"甜柠檬作用"是指当一个人没有达到欲求的目标时，便百般夸大、美化已经达到的部分目标的好处，以此来减轻内心的失望和痛苦的一种方式。

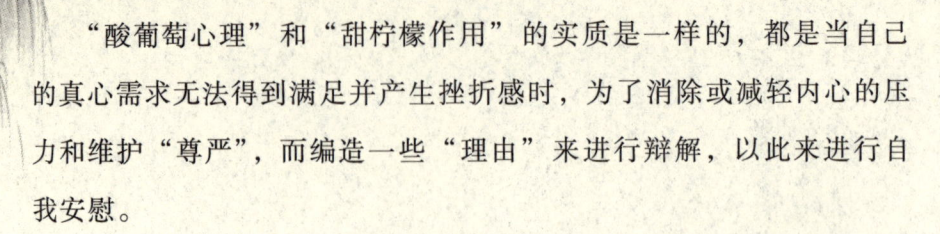

"酸葡萄心理"和"甜柠檬作用"的实质是一样的，都是当自己的真心需求无法得到满足并产生挫折感时，为了消除或减轻内心的压力和维护"尊严"，而编造一些"理由"来进行辩解，以此来进行自我安慰。

这两种心理防卫方式看起来都很荒唐可笑，但也确有某些积极作用。它反映了当事人具有某种消化失败所带来的挫折感的弹性，可帮助人们在遇到挫折失败时迅速从忧伤中解脱出来，暂时保持一种良好的心态，防止行为上出现偏差，也在一定程度上维护了自尊。但它只是治"标"不治"本"的心理防卫方式。凡遇到失败都一味地听任这种心理摆布而不敢正视现实，去反思人生，这样不仅不能解决问题，有时还可能使问题复杂化，导致更大的失败。

忍耐的智慧

无论是"酸葡萄心理"还是"甜柠檬作用"，都反映了当事人具有某种消化失败所带来的挫折感的弹性，帮助人们在遇到挫折失败时迅速从忧伤中解脱出来，暂时保持一种良好的心态，防止行为上出现偏差。

050

勿因自身的优势而忘乎所以

塔克拉玛干沙漠的边缘，生活着一种极其凶猛、强悍的巨鹰，这种鹰以体形较大且奔跑迅速的狼和黄羊为猎物，俗称"食狼鹰"。

一天，一只食狼鹰钢钩般的爪子抓住了一匹狼的后腰，狼感到钻心的疼痛，但这匹狼却没有像其它狼那样掉头与食狼鹰相搏，而是继续狂奔。不寻常的一幕上演了：狼拖着食狼鹰飞快地冲进了灌木丛，毫无防备的食狼鹰这次没能用自己的利爪捕获猎物，反而被灌木丛撕成了碎片。

事实上，在对狼的攻击行为中，食狼鹰的第一爪只是诱使狼回头反击的招数，当狼回头准备反击时，食狼鹰的另一爪会准确无误地插入狼的双眼，直刺狼的颅腔令其毙命，这一爪才是致命的招术。回头以死相拼是狼自卫求生的本能，然而，这匹狼却没有按传统的方式自救，结果它不但救了自己，还把墨守成规的食狼鹰拖向了死亡。

很多人往往因为自身拥有的优势而忘乎所以，以为有了优势便少了忧患，但他们却忽略了一个隐忧：因为优势，他们失去了警醒和戒备，这样优势就变成了劣势。所以，人们往往不是失败在自己的缺陷

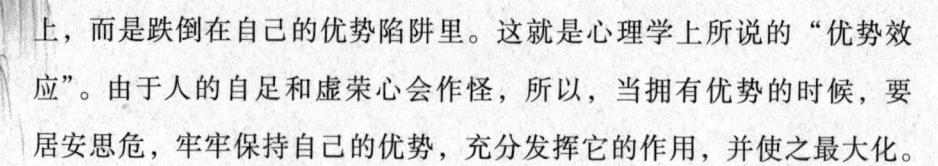

上，而是跌倒在自己的优势陷阱里。这就是心理学上所说的"优势效应"。由于人的自足和虚荣心会作怪，所以，当拥有优势的时候，要居安思危，牢牢保持自己的优势，充分发挥它的作用，并使之最大化。

美国著名指挥家、作曲家沃尔特·达姆罗施二十几岁就当上了乐队指挥。年纪轻轻就担任这么重要的职务，沃尔特·达姆罗施却没有忘乎所以。旁人对他谦和、沉稳的态度既欣赏又惊讶，还是沃尔特·达姆罗施自己揭开了这个谜。

"刚当上指挥的时候，我也有些头脑发胀，自以为才华盖世，没有人可以取代得了。

"有一天排练，我把指挥棒忘在家里，正准备派人去取。秘书说没关系，问乐队其他人借一根就可以了。我心想：秘书一定是老糊涂了。除了我，谁还可能带指挥棒！但我还是随便问了一句：'有谁能借我一根指挥棒？'

"话音未落，3根指挥棒已经递到了我的面前。大提琴手、首席提琴手和钢琴手，每人都从上衣内袋里掏出一根指挥棒。

"我一下子清醒过来，原来我不是什么必不可少的人物！很多人都在暗暗努力，时刻准备取代我。以后每当我想偷懒、飘飘然的时候就会看到那3根指挥棒在眼前晃动。"

忍耐的智慧

很多时候，我们不是跌倒在自己的缺陷上，而是在自以为有优势的地方出了差错。因为缺陷常常能给我们以警醒，优势却让我们忘乎所以。

051

藏巧于拙，用晦如明

常言道："木秀于林，风必摧之；行高于岸，流必湍之。"如果一个人锋芒毕露，一定会遭到别人的嫉恨和非议。

在整个自然界中，各种昆虫被人们视作最无能、让人任意宰割的生命体，岂不知昆虫自有一套避凶趋吉的妙法，这就是它们的保护色和伪装术。如变色龙的身体颜色会随着环境的颜色而改变；竹节虫爬附在树枝上如同竹节一般，以此来骗过天敌的眼睛；枯叶蝶在遇到天敌时会装成枯黄的树叶，它的天敌哪里会想到这枯黄的树叶竟然是它苦苦寻找的美味，还有的动物在遇到危险时装死以迷惑敌人。在人们看来，这些方法未免太低级了，可是正是这些看似无能的方法使其种群得以生存和发展。

在中国古代，皇帝跟前的王公大臣，可以说是伴君如伴虎，稍有不慎，就有性命之忧。他们时时刻刻都在战战兢兢，如临深渊，如履薄冰。在这种情况下，大智若愚的人才能独善其身。

商纣王在历史上是个有名的暴君，终日饮酒作乐，不理朝政。有一天他问身边的人今日是何年月，他们都说不清楚。纣王又派人问箕

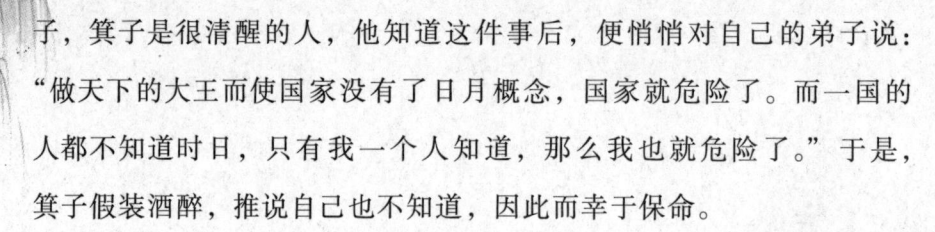

子，箕子是很清醒的人，他知道这件事后，便悄悄对自己的弟子说："做天下的大王而使国家没有了日月概念，国家就危险了。而一国的人都不知道时日，只有我一个人知道，那么我也就危险了。"于是，箕子假装酒醉，推说自己也不知道，因此而幸于保命。

大智若愚，不仅是一种自我保护的智慧，同时也是一种实现自己目标的智慧。俗语说"虎行似病"，装成病恹恹的样子正是老虎吃人的前兆。所以聪明不露，才有任重道远的力量，这就是所谓"藏巧于拙，用晦如明"。现实中，人们不管本身是机巧奸滑还是忠直厚道，几乎都喜欢傻呵呵不太精明的人，因为这样的人不会对自己造成威胁，会使人放下戒备之心。所以，要达到自己的目标，没有机巧权变是不行的，但又要懂得藏巧，不为人识破。

大智若愚并非让人人都去假装愚笨，它强调的只不过是一种处世的智慧，既要谨言慎行，又要谦虚待人。这并不是一种消极被动的生活态度。倘若一个人能够谦虚诚恳地待人，便会得到别人的好感；若能谨言慎行，更会赢得人们的尊重。

忍耐的智慧

有时，对于一些事情，最好的方法就是全然不知或装作全然不知。因为我们必须和他人共同生存，而大多数人都不希望你比他们更优秀。很多时候，你真的应该"宁可与人共醉，不可独自清醒"。

052

同时有两个以上的目标，就等于没有目标

美国著名半导体公司德州仪器公司的口号是："写出两个以上的目标就等于没有目标。"公司前任总裁哈格蒂曾花了10年的时间制定目标、战略及制度，他的重点是取消僵化的沟通模式，培养所有员工的责任心。他曾说过："我们曾身临其境，并已克服种种困难。以前每个经理本来都有一组目标，然而经过我们不断削减后，现在顾客中心的经理都只有一个目标，因而你绝对可以期望他们实现那个目标。"

《荀子·劝学篇》提到一种名为鼯鼠的小动物，它们能飞不能上屋，能爬不能上树，能游不能过涧，能挖洞不能掩身，能走不能先人。所以说鼯鼠"五技而穷"。选定一个目标之后，立即摆脱其它目标的诱惑，这也是我们应该学会的本事。

师范院校毕业之际，痴迷音乐并有相当音乐素养的帕瓦罗蒂问父亲："我是当老师呢，还是做歌唱家？"其父回答说："如果你想同时坐在两把椅子上，你可能会从椅子中间掉下去。生活要求你只能选一把椅子坐下去。"

帕瓦罗蒂选了一把椅子——做个歌唱家。经过七年的不懈努力，他终于登上了大都会歌剧院的舞台。

　　歌德说过："一个人不能骑两匹马，骑上这匹马就要丢掉那匹，聪明人会把凡是分散精力的事情置之度外，只专心致志地去学一门，学一门就要把它学好。"一个人的精力总是有限的，要想事事做好，反而事事都做不好。曾经有人问爱迪生成功的秘诀是什么。爱迪生说："能够将你的身体与心智的能量锲而不舍地运用在同一个问题上而不会感到厌倦的能力……每个人整天都在做事，假如你早上7点起床，晚上11点睡觉，你做事就做了整整16个小时。对大多数人而言，他们肯定一直在做一些事，惟一的问题是，他们做很多事，而我只做一件。假如他们将这些时间运用在一个方向、一个目的上，他们就会成功。"

　　"柯律芝死了，"英国散文家查尔斯·兰姆写信给一位朋友说，"据说他身后留下了4万篇有关形而上学和神学的论文——但是其中没有一篇是写完的。"

　　一个人如果全身心地追求某一目标，方法得当，鲜有不成功的。伟人之所以成为伟人，成功者之所以能超越芸芸众生，就在于他们能够坚定不移地认准某个目标，并为此全力以赴，矢志不移。

　　正如草原上追逐猎物的狮子，即使有其它动物站立在旁边不动，它也不会舍弃目标，它会紧紧盯住猎物，直到把它扑到在地。

忍耐的智慧

　　拿破仑曾说过，战争的艺术就是在某一点上集中最大优势的兵力。选定一个目标之后，立即摆脱其它目标的诱惑。只有将所有的精力集中在一点上，你才会挖掘出自己最大的潜能。

053

小的胜利会激励你赢得大的成功

焦煤大王弗里克运气很好,第一次打高尔夫球就获得了不错的成绩,因此,他对高尔夫球产生了较为浓厚的兴趣。而在此之前,无论朋友们如何劝他去打高尔夫球,他都是无动于衷。"太慢了"、"太单调了"、"没有什么意思",这是他最初对这种球的看法。最后在朋友们的再三要求下,他只得勉为其难地试着打了几下。最开始的几个球都打歪了,但还是打出了一杆距离很远的球。事情就这样解决了。从球被打中的那一刻开始,他就变成了一个高尔夫球的爱好者,此后他对这项运动的兴趣一直有增无减。对于养成成功的习惯来说,初战告捷是十分重要的环节,它可以激发出人们获得更大成功的渴望。

这种早期的胜利,对于树立一个人的自信心,起着无可替代的作用。即便是一个很小的胜利,也会激励着一个人接连不断地去赢得更大的胜利,这是人们不能自控的内心欲望。

忍耐的智慧

对于养成成功的习惯来说,初战告捷是十分重要的环节,它可以激发出人们获得更大成功的渴望。

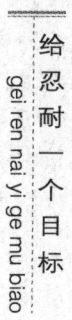

054 模糊不清的目标不是目标

你必须在脑海中形成一幅清晰的图像，明确自己想要的，否则你就不可能将某个想法转变成现实。

你必须先拥有某种想法，否则就不能把它实现出来。许多人之所以没能获得自己想要的成功，就是因为他们对于自己想做的、想要的和想成为什么样的人只有一种模糊不清的概念。

对"好好生活"只抱着一种泛泛的渴望是不够的。"我要去旅行"、"我要见识世界"、"我要生活得更好"等等，这样愿望是无效的，因为它们都太模糊了。这就好比你要给朋友发个信息，你不能把26个字母按顺序发过去，让他自己组合信息；你也不能随意从字典里找些单词传给他，你得发给他一段意义明确的连贯句子。当你试图将自己的想法说出来时，要牢记必须通过连贯的语句才能成功。你必须明确界定自身的需要。如果只发送不成型的渴望和模糊的意愿，你永远都不能获得成功，或者开始卓有成效的"成功行动"。

重新思考你的愿望，明确你想要什么，然后在脑海中形成一幅清晰的图像，并描绘出获得它的途径和步骤。

你必须将那幅图像时时刻刻牢记在心，就像水手牢记他的船所驶向的港口一样；你必须时刻谨记这一图像，就像舵手专注指南针那样专注它。

不过，除了单纯地勾勒清晰的图像外，还需要其它条件。如果只是描绘画卷，你充其量只能算是个梦想家，获得成功的希望仍然很渺茫。

换言之，除了清晰的图像之外，你还必须具备实现它的意愿，让你有足够的动力将它切实地创造出来。

你不需要不断祈祷你渴望的东西，也不必天天向上苍祷告。你所要做的是规划你的渴望，并将这些渴望联结成密不可分的一个整体，从而让你的生活更加美好。

你需要做的是持续关注你想要的事物，并坚信你一定可以得到它们。

你要知道，成功并不取决于你口头讲述的信念，而是依据你工作时坚定的信念——"相信你能得到它们"。

不过，要牢记，你不是只是在梦想，也不是在建造空中楼阁，你需要秉持坚定的信念，坚信这种想象正被实现，而事实上你正为实现这一目标而努力奋斗。切记，实现想象的信念和毅力才是区分科学家和梦想家的决定因素。

忍耐的智慧

你必须在脑海中形成一幅清晰的图像，明确自己想要的，并描绘出获得它的途径和步骤。除此之外，你还必须具备实现它的意愿，让你有足够的动力将它切实地创造出来。

055

远离流言，独善其身

心理学家说，任何一个人都不愿把自己的错误或隐私在公众面前曝光，一旦被人曝光，就会感到难堪或恼怒。因此，在交际中，如果不是为了某种特殊需要，一般应尽量避免触及对方避讳的敏感区，避免使对方当众出丑。必要时可委婉地暗示对方自己已知道他的错处或隐私，便可造成一种对他的压力。但不可过分，只须点到为止。对同事隐私的传播会造成很大的影响，会使该同事在办公室中颜面扫地。该同事会因此对你恨之入骨，你与他的友情也会戛然而止，也许在工作中还会成为你的对头。同时办公室的同事也会对你另眼相看，与你拉开距离。要明白知人知面不知心，特别是对于能力强的同事来讲，某个人的隐私也许就是他要搞掉这个人的一张牌，你在无意之中帮了他的大忙。但没有人会感谢你，相反会对你加倍提防。

避免谈论别人的隐私，一是不可在谈话中拐弯抹角地刺探别人的隐私，二是不可知道了别人的一点点隐私就到处宣扬。

对待别人的隐私，要切忌人云亦云，以讹传讹。首先你要明白，你所知道的关于别人的事情不一定确凿无疑，也许另外还有许多隐情你不了解。要是你不加思考就把所听到的片面之言宣扬出去，难免不颠倒是非、混淆黑白。话说出口就收不回来，事后你完全明白了真相时就会后悔不迭。

要是有人告诉了你某人的隐私，你惟一的办法是，像保守自己的秘密一样，不可做传声筒，并且不要深信这片面之词，更不必记在心上。说一个坏人的好处，旁人听了最多认为你是无知；把一个好人说坏，人们就会觉得你存心不良。

对于办公室的流言蜚语，不一定要划清界线，只要做到不过问他人私事，不张扬他人隐私就可以了。办公室里人际关系错综复杂，平静的表面下往往涌动着嫉妒、自我表现、野心、怀疑等种种暗流。无论你是流言的传播者还是流言的焦点，都会不可避免地深受其害。最好的办法就是独善其身，远离流言的漩涡，与每个同事都保持一种适度的关系。如果你对上司或哪位同事的做法不满意，你最好还是亲自跟他面谈，看看你们之间是不是存在着一些误会和沟通障碍。背后数落别人、发牢骚是愚蠢的做法，传播他人的牢骚更是蠢上加蠢。记住，任何一家公司给你提供办公桌和薪水，都是让你来干活的，没有哪个老板喜欢在背后传播小道消息的员工。

忍耐的智慧

对于办公室的流言蜚语，不一定要划清界线，只要做到不过问他人私事，不张扬他人隐私就可以了。

056

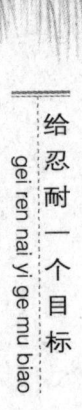

不失望就会有希望

有一个俄国心理学家做过一个试验：将两只大白鼠丢入一个装了水的器皿中，它们拼命地挣扎求生，结果只维持了8分钟左右。然后，在同样的器皿中放入另外两只大白鼠，在它们挣扎了5分钟左右的时候，放入一个可以让它们爬出器皿外的跳板，这两只大白鼠因此得以逃生。若干天以后，再将这对大难不死的大白鼠放入器皿中，结果真的有些令人吃惊：这两只大白鼠竟然可以坚持24分钟，是一般情况下能够坚持时间的3倍。

这位俄国的心理学家总结说，前面两只大白鼠，没有任何逃生的经验，只能凭借自己本身的体力挣扎求生；而有过逃生经验的大白鼠，却多了一种精神的力量，它们相信在某一个时候，一个跳板会救它们出去，这使得它们能够坚持更长的时间。这种精神力量，就是希望。

第二次世界大战刚刚结束的时候，德国到处是一片废墟。有两个美国人访问了一家在地下室的德国居民。离开那里之后，两人在路上谈起访问的感受。

甲问道："你看他们能重建家园吗？"

乙说："一定能。"

甲又问："为什么回答这么肯定？"

乙反问道："你看到他们在黑暗的地下室的桌子上放着什么吗？"

甲说："一瓶鲜花。"

乙于是说："任何一个民族，处于这样困苦灾难的境地，还没有忘记鲜花，那他们一定能够在这片废墟上重建家园。"

有鲜花的地方就有希望，热爱生活的人就有一种精神上的力量。

面对挫折，面对沮丧，我们需要坚持；看不见光明、看不见希望，我们仍要坚韧地奋斗着。只有这样，我们才能超越自己，成就自己。

忍耐的智慧

有鲜花的地方就有希望，热爱生活的人就有一种精神上的力量。

057

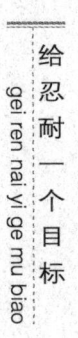

为明天担忧的人，
他永远都是痛苦的

　　这是一个关于一位牧场主女儿的故事。每天早上，她都会在去挤牛奶的路上经过一座溪流上的独木桥。有一天，她挤奶归来后，母亲发现她泪流满面，双眼通红。母亲问她为何哭泣，那位女孩哭着说："今天早上我经过独木桥时想到一件事情：我想到我将要结婚，婚后将有一个孩子，他常跟我一起去牧场。但有一天，他从桥上掉下去淹死了！"居然会有这样荒唐的想法！但事实上，生活中我们的很多焦虑差不多与这个女孩的想法一样愚蠢。我们常常将自己的生命无谓地花费在担忧那些不大可能发生的事情上。

　　母亲头上的白发又增多了，因为她总是担心着自己的孩子，担心某些不幸的事情会发生在他身上：害怕他们在爬树玩耍时从树上摔下来，他们会死于车祸，有人会绑架他……而当孩子们碰巧没有在预定的时间回家时，她又担心、烦躁、坐立不安。如果丈夫因为某件事情耽误而回家比往常晚了，她便会想像他是否出了什么事，或许是出车祸了，或许现在正躺在医院里。毫无疑问，她在生活中一定不是一个快乐的女人。

在对未来的悲观想像中，人们遭受到了多么大的折磨啊！许多人在头脑中反复经历了许多在现实世界里从未出现过的痛苦与折磨。我们也会时常在事情发生前想像其中的痛苦和困难，因此也体会了想像中的恐惧与忧虑。这种终其我们一生的不幸臆想，难道对我们有什么价值吗？

一些准备出海旅行的人，他们在出海前就会开始预测天气可能会很糟糕。他们会在头脑中想像各种可能发生的灾难；比如撞上冰山或在大雾的天气中与另外一艘船相撞等等。以致他们在出海前，就会产生各种晕船的症状。相反，有的旅行者只希望有好的天气，希望自己玩得高兴，能在海上度过一段美好的时光，因此，他们很容易就实现自己的愿望。即使旅途中有时天气不尽如人意，或者发生一些意外，他们也不会让这些事情破坏他们快乐的旅行生活，破坏自己愉快的心情。他们在内心深处希望一切都成为最好，这样的人不会生活在臆想的不幸中。因为他们深知，即使不愉快或不顺心的事情发生了，也不必过多地考虑它。对他们来说，这种事经历一次就够了。

永远不要去跨越一座你暂时还没有遇到的桥，并且记住这条生活的准则。永远不要为你觉得可能会发生的事情而忧虑。总是为明天担忧的人，会害怕生活，这会使你没有坚定的信心，永远不可能取得较大的成就。

忍耐的智慧

永远不要去跨越一座你暂时还没有遇到的桥，永远不要让你臆想的种种恐惧和痛苦降低了你现在幸福和快乐的程度。

058

给忍耐一个目标
gei ren nai yi ge mu biao

目标明确，过程也是快乐的

心理学家曾做过一个有趣的实验，他们招募了一些各方面条件差不多的志愿者，分成三组，让他们分别向10公里以外的三个村子进发。

第一组的人不知道路有多远，也不知道村庄的名字，只告诉他们跟着向导走就行了。刚走出2~3公里，就开始有人叫苦。走到全程的1/2的时候，一些人就大动肝火，抱怨为什么要走这么远的路，而且老是走不到头。越往后走，他们的情绪就越低落。

第二组的人知道村庄的名字和距离，然而路边没有里程碑，只能凭经验估计行程。走到全程1/2的时候，大多数人都想知道走了多远，当听到有人说"大概走了一半"的时候，大伙儿的兴致都比较高。而当走到全程的3/4的时候，大伙儿开始变得情绪低落，疲惫不堪，觉得路似乎还很长。在有个人说"快到了，快到了"时，大伙儿才又振作起来，加快了步伐。

第三组的人知道村庄的名字、里程，而且公路旁每隔一公里就有一块里程碑。大伙儿一路上欢声笑语，情绪高涨，因此很快就到达了村庄。

心理学家由此得出结论：当人们有明确的目标时，就能把自己的行动与目标不断加以对照，进而清楚地知道自己离目标还有多远，动机就会得到维持与加强，从而自觉地克服一切困难，达到目标。许多成功人士在实现目标的过程中，都会衡量自己的进展，给自己进一步前进的动力。

忍耐的智慧

当人们有明确的目标时，就能把自己的行动与目标不断加以对照，进而清楚地知道自己离目标还有多远，动机就会得到维持与加强，从而自觉地克服一切困难，达到目标。

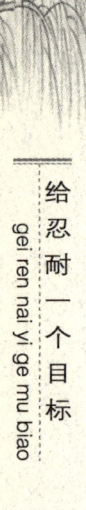

059

将帽子扔过墙去

有一个刚刚移民到澳大利亚的人,为了寻找一份能够糊口的工作,他骑着一辆自行车沿着环澳公路走了数日,替人放羊、割草、收庄稼、洗碗……一次,在一家餐馆打工时,他看见报纸上一家公司的招聘启事。他权衡了一下,决定去应聘。经过一路过关斩将,眼看就要得到那个年薪几万元的职位了,经理突然问他:"你有车吗,你会开车吗?我们这份工作要时常外出,没有车寸步难行。"在澳大利亚,公民普遍都有私家车,没车的人寥寥无几。可这位移民刚到澳大利亚不久,哪里有钱买车学车呢?然而,他定了定神回答道:"我有!我会!"经理说:"那好吧,你被录取了。4天后,你开车来上班。"

为了生存,他在一位朋友那里借了几千澳元,从旧车市场买了一辆二手车。第一天他跟朋友学简单的驾驶技术;第二天在一块大草坪上摸索练习;第三天歪歪斜斜地开着车上了公路;到了第四天,他居然驾车去公司报了到。时至今日,他已是这家公司的业务主管了。

一位成功的企业家曾说:"在我年轻的时候,胆怯于和地位很高的人打交道,于是每每徘徊于那些大人物的门前,没有勇气走进。我

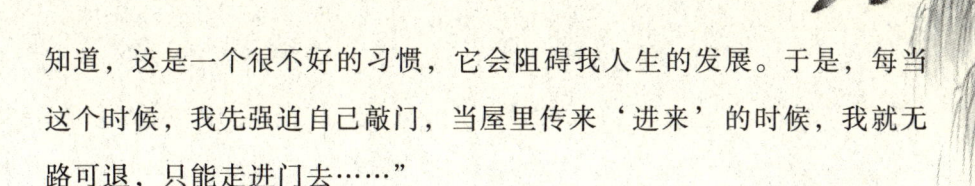

知道，这是一个很不好的习惯，它会阻碍我人生的发展。于是，每当这个时候，我先强迫自己敲门，当屋里传来'进来'的时候，我就无路可退，只能走进门去……"

当你面对一堵很难攀越的高墙时，不妨先把帽子扔过墙。将帽子扔过墙去，就意味着你别无选择，为了找回帽子，你必须翻越这堵高墙，毫无退路可言！

人们往往会不自觉地犯同样的错误：在从事一项极为重要的事业时，他们往往先为自己预备好一条退路，以便在事情稍有不顺时，能有一个逃生的途径。但是每个人都应有这样的认识：即便战争进行得非常激烈，只要还有一道退却之门为你而开，你都不会努力战斗。只有在一切后退的希望都已断除的绝境中，人们才肯破釜沉舟、孤注一掷，使出拼命的精神去奋战到底。

只有断绝自己的一切后路，将自己的全部注意力贯注于事业中，并抱有一种无论任何阻碍都不向后退的决心，你才会全力以赴，争取胜利。

曾就读过西点军校的美国前总统杰斐逊·戴维斯说："你别无选择，在奔逃的退路上，一样可能布设着陷阱，潜伏着敌人，退路往往比前进的道路更加艰难。"

忍耐的智慧

在面临无路可退的境地时，人们才会集中精力奋勇向前，不给自己留后路。从某种意义上讲，也是给自己一个向梦想冲锋的机会。

060

抓住离你最近的目标

有一年夏天，下了一场罕见的大雨，导致山洪暴发，许多人被无情的洪水夺去了生命。一个三口之家也是这场灾难的受害者，丈夫在洪水中救起了自己的妻子，而他们10岁的儿子却被淹死了。对于这个家庭的不幸遭遇，许多人都深表同情，但同时人们对他舍子而救妻的做法也议论纷纷。

一个记者带着人们的质疑对这位丈夫进行了采访。这个男人痛苦地说："我根本来不及想什么，当洪水到来的时候，妻子就在我身边，于是我就抓住她拼命地往山坡上游。而当我返回去的时候，儿子已经不见了。"

在那样一个情况下，这个丈夫的选择无疑是正确的，救活一个，胜过失去两个。面对洪水，他能做到的就是紧紧抓住离自己最近的妻子，这是最为现实和明智的，同时也是最为有效的。如果他放弃妻子去救孩子，可能最后一个人也救不了。

巴黎一家现代杂志曾刊登了这样一个有趣的竞答题目："如果有一天卢浮宫突然起了大火，而当时的条件只允许从宫内众多艺术珍品中抢救出一件，请问：你会选择哪一件？"

在数以万计的读者来信中，一位年轻画家的答案被认为是最好的——选择离门最近的那一件。

这是一个令人拍案叫绝的答案，因为卢浮宫内的收藏品每一件都是举世无双的瑰宝，所以，与其浪费时间选择，不如抓紧时间抢救一件算一件。

而现实中的我们，就常常犯这样的错误，像那只掰玉米的狗熊一样，心里总是惦记着最绚丽最诱人的那一个，却忽略了最近的这一个。我们要学习的是，只有抓住离自己最近的目标，才有可能体现效率的价值。太高的奢望和不切实际的目标，对我们而言是没有价值的。只有把握好最近的目标，付出才可能有回报。

忍耐的智慧

我们常犯这样的错误，就是心里总在惦记着下一个目标，却忽略了最近的这一个。我们要学习的是，只有抓住离自己最近的目标，才有可能体现效率的价值。

061

大目标是
小目标不断累积的结果

为自己设立一个目标,把每一天的工作都作为实现目标的一个过程,这样,我们每天都能品尝到实现目标的喜悦。如果让目标成为一种心理负担,它就会束缚我们前进的脚步,我们也就无法走得更快、更远。

与大多数人想像的不一样,成功与不成功之间的距离并不是一道巨大的鸿沟,而只是体现在一些小事上。每天多花 5 分钟阅读,多工作 10 分钟,多做一些研究,日积月累,就能造就完全不一样的结果。

美国有一个年轻的牧羊人,他每天都要在荒山上种 100 粒橡籽,年复一年。10 年后,那些橡树已长成一片小树木,郁郁葱葱。到 89 岁去世时,他栽种的橡树已经成了一片大森林,面积达 60 平方公里。牧羊人创造了一个神话般的伟业。而他成功的秘诀很简单,就是每天完成一个小目标——在荒山上种下 100 粒橡籽,如此而已。

成功人士为了实现人生的大目标,会为自己设定一个一个的小目标。因为他们知道,人生的大目标绝非一蹴而就,它是一个不断积累的过程。

　　我们也许没有能力一次就取得一个大成功，但我们可以积累无数个小成功。一个小成功并不能改变什么，但无数的小成功加起来就可以让我们成为巨人。

忍耐的智慧

　　我们也许没有能力一次就取得一个大成功，但我们可以积累无数个小成功。一个小成功并不能改变什么，但无数的小成功加起来就可以让我们成为巨人。

062

有限的目标造就有限的人生

你若想更好地发展自己,那么在你设定的目标中必须含有某种能激励你自我拓展、自我要求的要素。

一个真正的目标必定充满挑战性,正因为具有挑战性,又是你自己选择的,所以你一定会积极地想完成它。

如果你为做生意而努力,那么你可能会赚很多钱,但是,如果你想通过做生意来干一番事业,那么,你就有可能不仅赚很多钱,而且会取得巨大的成功。如果你只为薪水而工作,你有可能只是得到一笔很少的收入,但是,如果你是为了你所在公司的前途而工作,那么你不仅能够得到可观的收入,而且你还能得到自我满足和同事的尊重。

在炎热夏季里的某一天,一群人正在铁路的路基上工作,这时,一列缓缓开来的火车打断了他们的工作。火车停了下来,最后一节车厢的窗户——这节车厢是特制的并且带有空调——被人打开了,一个低沉的、友好的声音响了起来:"大卫,是你吗?"

大卫·安德森——这群人的负责人说:"是我,吉姆,见到你真高兴。"于是大卫·安德森和吉姆·墨菲——铁路的总裁,进行了愉快的交谈，在长达一个小时的愉快交谈后，两人热情地握手道别。

吉姆·墨菲走后，大卫·安德森的下属立刻把他围了起来，他们对于他是铁路总裁的朋友这一点感到非常震惊。大卫解释说："20多年前我和吉姆·墨菲是在同一天开始为这条铁路工作的。"其中一个人半认真半开玩笑地问大卫，为什么你现在仍在骄阳下工作，而吉姆·墨菲却成了总裁。大卫不无感慨地说："23年前我为一小时1.75美元的薪水工作，而吉姆·墨菲却是为这条铁路而工作。"

不管你现在做什么事，都应将目标提高到两倍以上，将目标高高在上放置着以扩大你的抱负。或许要实现我们心目中的"奢望"是极为困难的，然而正由于你追求的是一个高目标，比起降低你的野心，停顿自己的进步，更能够使你接近成功。

设定尽量拓展自己目标对你人生方向的影响，一开始可能不会很大，就像在大海里航行的巨轮，虽然航向只偏了一点点，一时很难注意到，可是在几个小时或几天之后，你便可能会发现船会抵达完全不同的目的地。

有限的目标会造就有限的人生，所以在设定目标时，要尽量拓展自己。

忍耐的智慧

在设定目标时，要尽量拓展自己，或许要实现我们心目中的"奢望"是极为困难的，然而正由于你追求的是一个高目标，比起降低你的野心，停顿自己的进步，更能够使你接近成功。

063

知难而退也是一种智慧

如果一开始没成功，再试一次，仍不成功就该放弃，愚蠢的坚持毫无益处。在正确的时机落幕，是一切精彩演出的必需。同样的，没有几本书值得全部读完。你花了钱买一本书或杂志，并不代表你必须读完它以免浪费金钱，你的时间是无法回收的资源，你花的钱则不是。有人说："你所要做的就是在一分钟内知道一本5万字的书是否符合你的期望，然后决定读或不读。"这种判断与选择的能力不仅体现在读书上，更体现在人际交往中。

结束一件事或一份感情，有时候比开始要难。我们能理解日久生情和恋恋不舍，但我们不理解的是：为什么明明知道错了，还不去改？知错就改，是一个人有力量、有决心的标志，更是一个人有希望、有成就的根本。

其实生活很简单，东西丢了，找一下，实在找不到，就忘了它，去找下一个。摔倒了，爬起来，拍拍灰尘，继续赶路。不能尽快地结束，就不能尽快地开始；不能很好地结束，就不能很好地开始。成功是一个选择和放弃的过程，是一种处在有价值与无价值之间的选择。

为了追寻有价值的事情，你应当放弃无价值的事情，它可以使你赢得充分的时间。这与在餐桌上，运动员总是挑那些最有益于增进体质的东西吃是同一个道理。

忍耐的智慧

后悔是一种耗费精神的情绪，后悔是比损失更大的损失，比错误更大的错误。

064 别给自己留退路

为什么会有那么多人失败，其中一个原因在于：他们对于自己的未来连一半专注都不够。他们不敢烧毁身后的桥梁，不敢毫无保留地委身于某个毅然决然的目标。他们想给自己留一条退路，以便在发现征程漫漫或前行过于艰辛、无法忍受时，找个借口向后转。

除非你有那种义无反顾、不知失败为何物的决心，否则，就绝不可能以任何突出的方式胜出。你得到的只有平庸。

当法拉格特在墨尔比湾喊出那句"去他妈的水雷——全速前进"的著名口号时，他鞭策自己继续向前，以免发生什么事情诱惑他后退。

公元前一世纪，凯撒大帝在全体将士面前，烧毁了运载他们渡过英吉利海峡的全部船只，以此表明永不退却的决心。

直面未来的方式只有一种，就是鞭策自己朝着强有力的目标前进。否则，在某个脆弱的时刻便有些看似无法抵挡的机会诱惑你，让你背离前进的方向向后转。许多人经不起"撤"字的诱惑。

如果一个年轻人时刻装着自己的生活目标，下定决心夺取胜利，甚至没有什么可以妨碍他、阻止他或诱惑他回头，就算出现某个宏伟的宇宙奇观，他也不会轻言放弃。患病、失望、挫折、朋友的背叛、亲人的批评或指责，似乎都不能给这种年轻人留下什么印象，因为远大的生活理想似乎能支配他性情的方方面面，以至于他不能放弃，以至于除死亡本身之外，没有任何东西能诱惑他半途而废、走回头路。

最可怜可叹的是那些一直游荡、徘徊不定的人。他们也很想上进，但他们却始终不能使自己不屈不挠地奔向目标，其根本原因就在于他们不曾断绝自己的后路，也不曾抱着义无反顾的勇气。

当一个人将自己的全部精力贯注于一个目标时，当他燃起熊熊的生命火光义无反顾地奔向自己的事业时，他就能产生一种强大的力量，这种力量简直是战无不胜，攻无不克的。

在事情刚起步时便留有余地，以作困难时的退路，人们就不能集中全部精力于同一目标，就不会培养出坚不可摧的自信。无论做什么事，要有一种自绝后路，不达目的不罢休的大无畏精神和必胜的信心。这是因为坚毅的决心会吓退那些迷惑阻碍你心灵的魔鬼，会使你克服许多困难与阻碍。怀疑与恐惧，在坚定的灵魂面前早已逃之夭夭。一切妨碍胜利的仇敌，将被你扫荡干净。

忍耐的智慧

除非你有那种义无反顾、不知失败为何物的决心，否则，就绝不可能以任何突出的方式胜出。

065

相信梦想，等待另一个春天

有一个在日本广为流传的故事，说的是阿呆和阿土两个人，他们都是老实巴交的渔民，却都梦想成为大富翁。有一天，阿呆做了一个梦，梦里有人告诉他对岸的岛上有座寺庙，寺庙里种有49棵朱槿，其中开红花的一株下面埋有一坛黄金。阿呆于是满心欢喜地驾船去了对岸的小岛。岛上果然有座寺庙，并种有49棵朱槿。此时已是秋天，阿呆便住了下来，等候春天的花开。

肃杀的隆冬一过，朱槿花一一盛开了，但都是清一色的淡黄。阿呆没有找到开红花的那一株。庙里的僧人也告诉他说，从未见过哪棵朱槿开红花。阿呆便垂头丧气地驾船回到了村庄。

后来，阿土知道了这件事，他就用几文钱向阿呆买下了这个梦。阿土也去了那座岛，并找到了那座寺庙。又是秋天，阿土也住了下来等候花开。第二年春天，朱槿花凌空怒放，寺庙里一片灿烂。奇迹就在那时发生了：果然有一株朱槿盛开出美丽绝伦的红花。阿土激动地在树下挖出了一坛黄金。后来，阿土成了村庄里最富有的人。

据说这个故事在日本流传了近千年。今天的我们为阿呆感到遗憾：

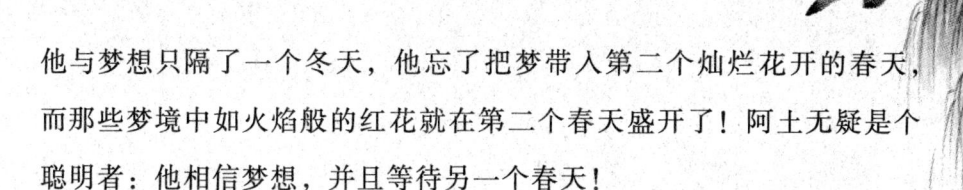

他与梦想只隔了一个冬天，他忘了把梦带入第二个灿烂花开的春天，而那些梦境中如火焰般的红花就在第二个春天盛开了！阿土无疑是个聪明者：他相信梦想，并且等待另一个春天！

我们的人生何尝不充满着梦想：那朵绝艳的朱槿花几度在你我的心灵深处摇曳，那无限风光我们几欲揽尽。然而我们总是习惯于守候第一个春天，面对第一个季节的空芜，我们往往轻率地将第二个春天弃之于门外，将梦想交归于梦。

梦想之花垂青的总是那些有耐心、执著追求的人。

忍耐的智慧

我们总是习惯于守候第一个春天，往往轻率地将第二个春天弃之于门外，将梦想交归于梦。梦想之花垂青的总是那些有耐心、执著追求的人。

066 期望是一种永恒的动力

只要一个人永远热爱生活，充满上进之心，他就不会在精神上衰老，这与年龄无关。但是，如果一个人对生活不再抱有希望，失去了进取心，远离了年轻人，偏离了年轻时的梦想，停止了前进和对自己的完善，那他就真的衰老了。

历史上，许多伟人在他们生命的最后时刻仍然保持着像年轻人一样的精神面貌。马歇尔·菲尔德在年老时，依然认真仔细、雄心勃勃，依然像年轻时一样要求自己、追求美好的理想，他的思想丝毫没有衰退的迹象。另外，我们都知道，格莱斯顿在耄耋之年仍然思想敏锐。

大多数半途而废的人是因为他们从没有真正开始做过什么事情。如果你制订了一项计划并执行了多年，例如每周至少开始一件新事情（对你自己来说），它可以是一个全新的销售方案，或阅读一本新奇的书。在坚持这项计划的过程中，你不仅让身体和大脑保持活力，而且还锻炼了身体中有关想象力的其他机能，否则它们就会在你的脑海中沉睡和衰退。一个人决定65岁退休是一个巨大的错误。一个人一旦退休并且失去活动，他们的身心在短期内就会走向坟墓。对于许多人来说,从工作岗位上退下来,就如同从现实生活中退下来,甚至从生命的舞台上退下来,因为他们觉得自己已经无事可做了。所以,许多商人在退出商界时就开始立遗嘱,因为他们没有为自己退休后的生活做好准备。他们和以前生意上的许多朋友断绝了联系,改变了原来的生活方式。以前,他们的生活只有一件事情,那就是工作。他们从未培养过自己的社交能力,或培养过对艺术、音乐或文学的热爱,以至于一旦从工作中走出来,他们就无事可做了。

你知道赛马退役之后会发生什么,你也知道如果你把你的汽车放在那里不使用且忽视它,它会开始生锈并很快进入旧货店。人也是一样,一旦他们开始无所事事,就会逐渐腐朽直至死亡。

《圣经》中有句告诫:"没有愿景,民就毁灭。"无论从个人角度还是从人类全体角度来思考,这都是真理。因为如果没有了对目标实现的精神性想象、盼望,人类成就不了任何事情。你想要一份更好的工作,你一旦赋予你的潜意识一幅你自己正在从事那份工作的精神性想象图景时,你就会得到它。

如果生活中没有了目标,人生也就没有了意义。一旦人生的目标消失,人就仅仅是在生存而不是在生活了。崇高的理想、明确的目标可以使人保持旺盛的生命力,使人努力改善健康状况,延长寿命。怀有美好希望的心灵往往使人更长寿。期望是一种永恒的动力,可以激发出人所有的潜力。

忍耐的智慧

人不是因为变老而停止进取的,人是因为停止进取而变老的。

067

尽快从痛苦中脱身

厄运往往会对人的生理、心理活动产生不好的影响，给人以深刻的印象，使人感到时时被它所纠缠。然而，事情如果已经发生，那就应当面对它，寻找解决的办法；已经过去，那就应当忘记它，不要老是把它保留在记忆里，更不要时时盯住它不放。痛苦的感受犹如泥泞的沼泽，你越是不能很快地从中脱身，它就越可能把你陷住，越陷越深，直至不能自拔。

如果你把你痛苦的事一而再、再而三地讲给别人听，不但他们会厌烦，而且你自己也更加痛苦，以至于麻木。老是向别人反复讲述自己的痛苦，就会使自己久久不能忘记这些痛苦，更长久地受到痛苦的折磨。

情感不要长久地停留在痛苦的事情上，我们的理智应当多在挫折和坎坷上寻找突破口，力争克服它，解决它。

我们需要总结的是昨天的失误，而不是对过去的错误和痛苦耿耿于怀。伤感也罢，悔恨也罢，都不能改变过去，不能使你更快乐、更完美。过去的都已经过去了，将来的路还有很长。如果总是背着沉重的历史包袱，为逝去的流年感伤不已，那只会白白耗费眼前的大好时光，也就等于放弃了现在和未来。

一个人牙痛，在家里决定不了是不是去看医生。他手里拿着一片涂了果酱的面包，思考时无意识地咬了一口，结果激怒了停在果酱面包上的黄蜂，黄蜂在他的牙龈上重重叮了一口。这个人赶紧跑到屋里，照着镜子，涂了药，又敷上冷毛巾。最后黄蜂叮的痛消失了，他发现牙也不痛了。

如果你想除去一块草地上的杂草，那么最好的办法就是在除去杂草后，在它上面种上另一种植物。

人生也是如此，我们可以用快乐的事物替代不快乐的事物，一个希望失去了，应该用另一个希望来代替。忘记自己忧伤的最有效的也是最唯一的办法，就是用快乐来代替忧伤。因此，当我们心情不好时，最好的解决办法是敞开自己的心扉，打破沉默，去做任何可以给我们带来快乐的事情，在做其它事情的过程中使我们从受挫折的痛苦中解放出来。

追悔过去，只能失掉现在；失掉现在，哪有未来！泰戈尔说过："错过了太阳，如果你还在流泪，那么你就要错过星星。"

忍耐的智慧

痛苦的感受犹如泥泞的沼泽，你越是不能很快地从中脱身，它就越可能把你陷住，越陷越深，直至不能自拔。

068 专注就是高效

法国文豪大仲马一生所创作的作品高达1200部之多。这个数字是惊人的，这对于有些作家来说，根本是"不可能完成的任务"。也许你会说大仲马所取得的成就一定是他与生俱来的写作天赋造就的，其实，就如哲学家亚当斯曾经说过的一句话："再大的学问，也不如聚精会神来得有用。"这句话，正是大仲马的最佳写照。他总是专注于写作上，只要一提起笔，他就会忘记吃饭。就连朋友找他，他也不愿放下手中的笔，总是将左手抬起来，打个手势以表示招呼之意，右手却仍然继续写着。

昆虫学家法布尔曾接待过一个青年，青年非常苦恼地对他说："我不知疲倦地把自己的全部精力都放在我爱好的事业上，结果却收效甚微。"法布尔听后赞许地说："看来你是一位献身科学的有志青年。"这位青年说："是啊！我爱科学，可我也爱文学，同时对音乐和美术我也感兴趣。我把时间全都用上了。"于是，法布尔从口袋里掏出一个放大镜说："那么请你把你的精力集中到一个焦点上试试。"如果你想有所成就，就应该像激光一样，把精力聚于一束。

拿破仑曾说:"本来,欧洲确有几位好军长,但是他们看见太多的事物。我则不然,只看见一件事物,即是和我作战的几堆人。"

其实,拿破仑最伟大的地方也就是他成功的地方,他对军队、对战争、对权力有一种特殊伟大的嗜好,几成他生命与灵魂之整体,因此他一生的精力便能集中于这一点上。结果,他取得了不可思议的成就。他曾说过他最爱看悲剧,但如果有一天,一边是半个世界毁灭的悲剧,一边是他军队的报告,他则情愿抛弃前者而一字不漏地读他的军队报告。其在事业上之专一精神,可见一斑矣。

在荷兰,有一个刚初中毕业的青年农民,借助他研磨60年的镜片,终于发现了当时科技尚未知晓的另一个广阔的世界——微生物世界。从此,他声名大振。只有初中文化的他,被授予了在他看来是高深莫测的巴黎科学院院士的头衔。就连英国女王都到小镇上拜会过他。

创造这个奇迹的小人物,就是科学史上鼎鼎有名的、活了90岁的荷兰科学家列文虎克,他老老实实地把手头上的每一个玻璃片磨好,用毕生的心血,致力于每一个平淡无奇的细节的完善,终于他在他的专注里看到了他的上帝,科学也在他的专注里看到了自己更广阔的前景。

你在一件事上用了多少时间并不重要,重要的是,你是否"连贯而没有间断"地去做。我们常常用"三天打鱼,两天晒网"来比喻那些做事三心二意的人,无数事实也证明这些人终将一无所成,所以说专注就是高效。

忍耐的智慧

你在一件事上用了多少时间并不重要,重要的是,你是否"连贯而没有间断"地去做。

069

用调换工作的方法休息

调换工作有时是让自己得到休息的最好方法。有一次，有人问沃纳梅克，他的休息方法是什么。他说："我是靠调换工作来休息的。好像批发与零售是完全相反的事一样……当我拿起另外一件事做时，便会使自己从原来的工作中解脱出来，从而得到了休息。因此我是常常来回换工作的，我有许多喜欢做的事情，可以在它们中间调换着做。"

一件事情做疲倦了，这时换另一件事做一做，你确实会感觉到这种调换能使你得到休息。许多人工作繁重时，就是利用这种方法，既做了许多事，同时又得到了适当的休息。罗斯福、格莱斯顿、福特都证明了这种方法的有效性。罗斯福能做那么多事情，就是因为他能够从这件工作换到那件工作上。不时调换工作就是他休息的方法。

因此，每天应当准备一张预定工作表的价值，在此就很明显了。把一件工作做得让自己身心俱疲是有损健康的。你应当将一天的时间分为若干段，在第一段时间内做这件事，第二个时间段换另一件，过后又换一件，最后再回到第一件上来。按照这种做法，你不但可以做很多事，而且一天工作完毕后，你不会觉得有多疲倦。

奇怪的是，有时当我们绞尽脑汁想得到一个问题的答案而得不到时，短暂的休息反而能给我们以启发。我们越搜肠刮肚地去思考，越用心地去寻找，答案似乎离我们越远。这时我们的大脑在原地打转儿。

发生这种情形时，最好的办法是丢开问题完全不想，找点别的事来做。当我们完全不去想它的时候，答案有时会忽然跳出来。

容易情绪波动和易于烦躁是不能保持清醒的头脑的。有时，一个问题的答案老是想不出来，我们多半会生气和烦躁，而在心中暗暗下定决心非要想出来不可，或者就是干脆不去想。这两种态度是永远也找不到答案的。最好的办法应该是暂时忘记它，去做点别的事，或是完全休息一会。等到头脑清醒后再来思索。大多数情况是，答案来的时候，往往不是在你冥思苦想而精疲力竭的时候，而是在你完全放松、丝毫不去想的时候。

忍耐的智慧

有时，当我们绞尽脑汁想得到一个问题的答案而得不到时，短暂的休息反而能给我们以启发。

070

忍耐的程度决定于目标的大小

三国时天下纷乱，群雄并起，逐鹿中原。当初有实力的豪杰之士有曹操、刘备、孙权、袁绍、刘表。曹操的目标是一统天下，坐领江山。他自称"胸怀大志，腹有良谋，有包藏宇宙之机，吞吐天地之志"。刘备的目标是上报国家，下安黎庶。他在三顾茅庐时对诸葛亮说："汉室倾颓，奸臣窃命，备不量力，欲伸大义于天下。"志向比曹操略差些，但也算得上盖世英雄。孙权属"继承父兄遗产"而得国，但也不是泛泛之辈。在位期间，国力强盛，士民富庶，足与魏、蜀鼎立，偏安江东。而袁绍就差多了。袁本出身自四世三公，起点高，名声大，拥数十万之众，谋臣无数，战将如云，也曾有兴汉灭贼之志，但徒有虚名，属"干大事而惜身，见小利而忘命"之辈，被称为"羊质虎皮"、"凤毛鸡胆"，为后世唾笑。至于刘表，领荆襄之地，地沃利广，豪杰众多，但胸无大志，目光短浅，甘为井底之蛙，本有进取中原的绝好机遇，但他却以"吾坐踞九郡足矣，岂作别图"而自足。最后的结果是连荆州都没能守得住，让他人给吞并了。

"江山如画，一时多少豪杰"。这其中，以曹操的目标最远大，当然是曹操"中标"。正如史官赞诗所言："曹公原有高远志，赢得山河付儿孙。"

目标产生信念。清晰的目标产生坚定的信念。人不可能取得自己所不企望的一切。一个想当元帅的士兵，虽然不一定就能当上元帅，但一个不想当元帅的士兵，则永远不可能当元帅。

我们都有这样的体会，当确定只走十公里的路程时，走到七八公里处便会因松懈而感到很累，因为目标快到了。但如果要求走二十公里，那么，在七八公里处，正是斗志昂扬之时。

比如射箭，有经验的射手都知道，要想射中靶心绝不能瞄准靶心，而要瞄准靶心以上的位置。这就是"取法于上，仅得其中；取法于中，仅得其下"的道理。

有人说，人生的目标不妨定得高远些，如果经过全力打拼没有实现，那么至少也比目标定得太低要好得多。目标越远大，意志才会越坚强，绝没有无缘无故的坚忍不拔，"忍辱"必然因为"负重"。忍耐的程度决定于目标的大小。没有远大的目标，一生都是别人的陪衬和附属；没有远大的目标，就没有动力。漫无目标地漂荡，最终会迷失航向而永远到达不了成功的彼岸。

忍耐的智慧

目标产生信念。清晰的目标产生坚定的信念。人不可能取得自己所不企望的一切。

071

不要以自己的喜好来评价别人

你认为坏的那个人，通常只是一个你讨厌的人，若是让你举出他几条坏的理由，别人一定不认同。因为你的理由往往只是"不知怎么就是讨厌他"、"跟我合不来"，这些理由是没有说服力的，不是那个人真的很坏，而是你对他有了敌意。

我们经常莫名其妙地对某个人产生敌意，因为我们习惯于以自己的好恶来评价人。如果那个人有某个方面我们不喜欢，我们便讨厌他，认为他不是好人。

任何一个人都是可敌可友的，一旦我们以自身的好恶来评价他人，我们眼里便多了一个坏人，同时也失去了一个朋友。

是人就有缺点，也没有人是只有缺点的。

如果你只注意对方的缺点，那你就看不到他的优点；相反，如果你注意对方的优点，那么他在你眼里也只有优点。如果你觉得对方令人讨厌，这种情绪便会有意无意地表露出来，那么对方也会对你产生反感。"情人眼里出西施"，这并不是因为对方生来就完美无缺，而是因为你的眼里只看到对方的优点，即使有缺点，你也会尽量往好的方面去想，尽量为他开脱。所以，如果想跟别人处好关系并得到支持，就要学会发现别人的优点，欣赏别人的优点。按照自己的标准，戴着有色眼镜看对方，很容易视其为敌。

在生活中，我们还习惯以自身利益来评价一个人的好坏：如果那个人对我们有利，我们便觉得他是个好人；如果他损害了我们的利益，我们便觉得他是个坏人，有时甚至产生非把他斗垮不可的冲动，最后弄得两败俱伤。

以自身利益评价人的好坏是毫无道理的。正如一位哲人所说："无论从道义上还是理智上，我们都必须允许他人以自身利益为重。"因为我们自己也是以自身利益为重的。假使我们不小心损害了一个人的利益，我们并不是敌视他；同样的，别人不小心损害了我们的利益，也未必是敌视我们。如果我们因此仇视他，采取敌对的态度进行对抗，只会使这种利益伤害由无意变成有意，最终会导致仇恨的加剧。既然如此，何不将对方看成竞争对手，在公平的原则下，各凭本事争取自己的利益呢？

忍耐的智慧

任何一个人都是可敌可友的，一旦我们以自身的好恶评价人，我们眼里便多了一个坏人，同时也失去了一个朋友。

072 可以没有成功，但不能没有目标

不要把目光盯在结果上，否则你就错过了人生旅途中最美好的风景。在全力以赴向目标迈进的同时，我们应该享受每一次行进的过程。

1969年，丹麦网球名将简·莱斯利首次在温布尔顿中央球场比赛，结果以失败告终。早年，莱斯利曾经说过："我的目标不是成为世界冠军，而是要在温布尔顿中央球场打球。"早在1960年，简·莱斯利就被列为"世界十大网球好手"之一，但他此后又花费了近9年的时间，才如愿以偿地进入温布尔顿中央球场比赛。

比赛之后，许多人都为他的失败感到遗憾，而莱斯利本人对失败却毫不介意，他反而兴奋地说："我渴望自己能来温布尔顿，听到观众的喝彩声，嗅到这里草地的气息，此行是我今生的荣耀。"当有记者问他是否有信心在以后拿到冠军时，他平淡地回答道："对一个人来说，可以没有成功，但不能没有目标。"

一般人习惯以成败论英雄，但莱斯利却把目标与成功分开，他追求的只是一个目标。

美国的老人院有一个有趣的现象：假日或具有特殊意义的日子（例如生日、结婚纪念日）来临之前，死亡率会骤然降低，许多人立下目标要再多活一个圣诞节、多活一个结婚周年或多度过一次国庆节等等。但是节日一过，目标达到了，活下去的意愿就降低了，死亡率也急速上升。不错，只有生活有目标时，生命的延续才有意义。人人都知道目标的重要性，但是大多人仍然过着漫无目的的日子。

墨西哥媒体曾报道过这样一则新闻：一个老人患了癌症，来日不多。但当他的儿子、儿媳出车祸去世之后，他的病情不但没有恶化，反倒渐渐康复。原来，老人需要抚养无依无靠的孙子，于是，他的生存就有了新的目标。这种强烈的责任感使他对生命又充满了渴望，从而战胜了病魔。

可见，一个有目标的人，一个对人生有信念的人，他们却可以创造生命的奇迹。

已故的麦斯威尔·莫兹写过一本值得仔细玩味的书《心理神经机械学》，书中文字浅显优美。莫兹认为人和脚踏车一样，如果不持续朝目标前进，就会摇摇摆摆地倒下来。你要习惯在自我超越中享受成功的喜悦，永远相信自己：前方还有一个更棒的自己在等着你去迎接！人生就是在不断地超越和实现中获得成功的。

忍耐的智慧

有目标，就有前进的方向。如果你的快乐依赖于目标，你就会错过这中间所有美好的日子。

073

目标要可量化，才有可达成性

"到市区只要60分钟的车程"——像这种房屋广告我们会经常看到，如果把宣传文字改为"到市区只要一小时"，那会变成怎样呢？你一定会觉得比较远。这是因为人们觉得"分"这个单位比较小，而"小时"从感觉上则比较长的原因。基于人们的这种心理，将时间单位改变，让人们产生错觉，这种手法可以说是不动产广告中常用的一种策略。同时再加上"仅仅"、"只要"之类的词，强调其距离之短，因此"60分钟"的效果就会更加明显了。

假使人们的预算是一定的，要想让他们拿出一笔预算之外的钱毕竟有很大的困难。但是，如果你把这些多余的钱分割到每月、每天，这样听起来就少多了。假如能够买一件中意的商品，谁还会介意每天多掏一点点钱呢？

分期付款购物是大家目前经常使用的一种消费方式，也可以说是商家运用"单位错觉"，让消费者接受的一种买卖行为。例如：消费者无法把价值20万元的车款一次性付清，但一听到"分期付款每月只要5000元"，就会感到"自己的经济能力可以负担得起"，这就是

"单位错觉"产生了效果。因为负担不大，所以就很容易激起顾客的购买欲。因此，我们在购物时应该多衡量一下自己的需求，才不至于花冤枉钱。

若是每天拿两百元的薪水，总觉得少，但如果每个月一次领六七千元的话，就会觉得薪水还是不错的。其实一个月所领的总额是一样的，但每天分开给就觉得很少，完全是一种心理上的错觉而已。如果能好好利用这种"单位错觉"，一定可以给许多人带来意想不到的效果。

这种方法也同样适用于对孩子的教育。由于孩子的进步大多是一个循序渐进的过程，因而父母的激励目标也应具有渐进性。因此，家长不妨由低到高、由易到难地将激励目标逐步向孩子提出来。切莫一下子就把"标杆"竖得高高的。

过高的激励目标，非但起不到应有的激励作用，还很容易伤害孩子的自尊心和自信心。一般来说，家长给孩子设立的激励目标，应该是孩子在经过努力和奋斗之后能够实现的目标。

目标要可量化，才有可达成性。因为凡是长远的目标都需要较长的时间来完成，且有一定的难度。如果你只照着这个长远目标努力，短时间内没有收到成效，就会挫伤你的积极性。所以要把长远目标分解成无数的小目标，这样更容易达成。每天都进步一点，就向终极目标接近了一步。

忍耐的智慧

把长远目标分解成无数的小目标，这样更容易达成。每天都进步一点，就向终极目标接近了一步。

嗜好是一种理想的休养方式

用一句话来说，就是每个人都应当有属于自己的嗜好——如果可能的话，这个嗜好最好是自己所擅长的——最起码也应当是自己最感兴趣的。有了这样的嗜好之后就有了一种理想的休养方式。一个人有嗜好并不需要有什么理由，只要自己喜欢就行了。要端正这种喜好的心态——为了快乐去做一件事——当你工作完毕之后。

一种嗜好不应当替代一种工作，而只能作为一种休养方式以增强工作的热忱。

西北大学的俗态学教授沃尔特斯科特对此发表过这样的观点："青年人在本职工作以外，应当挑选一项别的活动或兴趣，而这个活动是他自愿花费一部分精力去关注的。最好是他在进行这项活动时，能够全神贯注，那样，便可以使他暂时忘掉自己繁重的工作了。"

二战期间，美国总统富兰克林·罗斯福的精力十分旺盛，许多人都认为他是食用了营养品。但美国的盖洛普民意测验所的调查结果却是罗斯福每天都花一个小时的时间，把自己关在屋子里玩邮票。世界织布业的巨头威尔福莱·康日理万机，他在中年以后却成为了一名出色的油画家。原因是他每天早起一个小时来画画，一直画到吃早饭为止。画画让他养成了早起的习惯，因此他的身体也特别的健康。十多年后，他所创作的油画有几百幅被人以高价买走。好心的他把那些钱全部都用作奖学金，奖给那些攻读绘画艺术的学生。

这种兴趣爱好或许是在家庭中，或许是一项运动，或许是团体生活，也或许是艺术、文学、慈善、宗教等等，总之必须是一件合乎个人才能而自己又爱干的事。有些嗜好还可以跟艺术、文学、宗教或其他方面的兴趣一样，同时作为一个人的修养。

因此，青年人应当趁着年轻时，挑选并培养起一些适合自己的兴趣，作为在工作之余短时间的休养。

忍耐的智慧

一种嗜好不应当替代一种工作，而只能作为一种休养方式以增强工作的热忱。

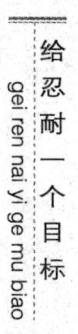

075 忍耐今天的低头，是为了他日的出头

老百姓有一句俗语，叫做"人在屋檐下，不得不低头"。意思是说在权势、机会不如别人的时候，不能不低头退让。但对于这种情况，不同的人可能会采取不同的态度。有志进取者，将此当做磨炼自己的机会，借此进行休养生息，以图将来东山再起，而绝不一味地消极乃至消沉；那些经不起困难和挫折的人，往往将此看做是人生和事业的尽头，他们畏缩不前，不愿意想办法克服眼前的困难，只是一味地怨天尤人、听天由命。

所谓的"屋檐"，说明白些，就是别人的势力范围。换句话说，只要你人在这势力范围之中，并且靠这势力生存，那么你就在别人的屋檐下。这屋檐有的很高，任何人都可抬头站着，但这种屋檐并不多，以人类容易排斥"非我族群"的天性来看，大部分的屋檐都是非常低的！也就是说，进入别人的势力范围时，你会受到很多有意无意的排斥和限制，不知从何而来的欺压、莫名其妙的指责和讥讽都可能时常发生。在这种情况下，你应以低调的姿态慢慢融入这个集体，逐渐地得到大家的认可和接纳。如果你不想做令人憋闷的"檐"下之人，除非你有自己的一片天空，是个强人，不用靠别人来过日子。可是你能保证你一辈子都可以如此自由自在、不用在他人的屋檐下避避风雨吗？对于绝大多数的人来说，答案当然是否定的。所以，在别人屋檐下的心态就有必要调整了。

在别人屋檐下时，如果你不想碰头，最好的办法便是低头，在生存与尊严的矛盾中，智者会先把面子放在一边，顽强的生存下去才是硬道理。

有人说，"不得不低头"充满了无奈和牵强，但其实要想进入一扇门，就必须让自己的头比门框更矮，要想登上成功的顶峰，就必须低下头弯下腰做好攀登的准备。

其实"学会低头"是一种人生智慧，低头的目的是为了保存自己的能量，更是把不利因素转化成对你有利的力量，是处世的一种柔术，一种权变，更是一种做人和生存的智慧。

人生当中会遇到很多问题，如果你能向第一个问题低头，你便学会了控制你的情绪和心态，以后碰到大的问题时，为顾全大局，自然也能低头，甚至能把握最好的时机将问题解决。

低头不是妥协，而是战胜困难的一种理智的忍让；低头不是倒下，而是为了更好更坚定地站立。该低头时就低头，调整一下目标，改变一下思路，就能巧妙地穿过人生的荆棘，走进一片灿烂的天地。

忍耐的智慧

在生存与尊严的矛盾中，智者会先把面子放在一边，顽强的生存下去才是硬道理。

076

逆境中，有时我们会超常发挥

很多年前，专家们已经多次预言了人的生理极限，包括跑、跳、负重等。可这些所谓的极限却一次次被人打破。现在很少有人再做这种预言了，因为人们似乎已感觉到，人的潜力是无限的。

科学研究还证明，人在逆境下常常能爆发出超常的潜力。我国古代"武松打虎"的故事似乎就是一个证明：一个手无寸铁的人，在情急之下，竟能打死一只强壮、凶猛的老虎。实际上，压力如果转化得当，就能成为动力，从而使人做出超越常规的事情。

那么，为了最大限度地激发自己的潜能，我们何不在适当的时候，主动给自己一些压力呢？古语道："生于忧患，死于安乐。"我们的祖先早就意识到，逆境是人成长的宝贵财富。因为逆境能让我们放低自己的姿态，更加勤勉地投入。在逆境中，我们能忍耐平时无法忍耐的痛苦、艰辛，甚至侮辱。在逆境中，我们会减少自己的娱乐，花更多的时间和精力去改变自己的处境，因为，我们实在不想长久地这样。所有这些努力，当然都不会白费。

著名心理学家贝弗奇说得好："人们最出色的工作，往往是在处于逆境的情况下做出来的。思想上的压力甚至肉体的痛苦，都可能成为精神的兴奋剂。很多杰出的伟人都曾遭受过心理上的打击及形形色色的困难。"

成功者不一定具有超常的智能，命运之神也不会给予任何人特殊的照顾。相反，几乎所有的成功者都经历过坎坷的创业奋斗过程，他们是从不幸的境遇中奋起前行的。在他们看来，压力就是动力。

当生活的重担压得我们喘不过气，挫折、困难堵住了四面八方的通道时，我们往往能发挥自己意想不到的潜能，杀出重围，开辟出一条生路。而失败往往在安逸中慢慢沉淀，直到大厦将倾时才骤然警醒，让人们成为"冷水锅里的青蛙"。

压力太小，刺激太弱，因而削弱了当事者进取的动力。很多心理学家认为，压力是每个人生活中不可缺少的一部分。即使是专门研究压力危害作用的心理学家汉斯·塞利也承认："压力是生活的刺激。压力使我们振作，使我们生存。"

如果我们在逆境中没有倒下，那么当峰回路转、柳暗花明的时候，我们就会更加自信。我们已走过了最坎坷、最泥泞、最寒冷的道路，现在面对一片光明前途，即使还会有很多的竞争者，即使还会有短时的阴雨天，我们也会有足够的勇气去面对，有必胜的信心去前进。经受住了逆境的锤打，在顺境中我们就将无敌。

忍耐的智慧

成功是指最终实现目标，但并不意味着没有受到挫折。成功是赢得了一场战争，而不是赢得每一场战斗。

077

无论成功的大小，
都会让你更加自信

"马太效应"是一种让人心理不太平衡的社会现象：名人与无名者干出同样的成绩，前者往往得到上级表扬，记者采访，求教者和访问者接踵而至，各种桂冠也纷至沓来；而后者则无人问津，甚至还会遭受非难。实际上，这也反映当今社会中存在的一个普遍现象：即赢家通吃，富人享有更多资源——金钱、荣誉以及地位，穷人却变得一无所有。日常生活中这样的例子也比比皆是：朋友多的人，会借助频繁的交往结交更多的朋友，而缺少朋友的人则往往是一直孤独；名声在外的人会有更多抛头露面的机会，因此更加出名；一个人受到的教育越高，就越可能在高学历的环境里得到发展。

"马太效应"的启示在于：成功是成功之母。人们喜欢说失败是成功之母，这句话听起来有一定道理，但如果一个人屡屡失败，从未尝到过成功的甜头，他还会有必胜的信心、还相信失败是成功之母吗？

一本名为《超越性思维》的书，曾经提出过"优势富集效应"的概念：起点上的微小优势，经过关键过程的级数放大，会产生更大级别的优势累积。起点对于整件事物的发展，往往超过了终点的意义。这就像在100米赛跑的时候，当发令枪响起的时候，如果你比别人的反应快几毫秒，那么你就可能夺得冠军。

　　事实上，你越成功，就会越自信，越自信就会使你越容易成功。成功像无影灯一样，不会给人心灵上投下阴影，反而会满足自我实现的需要，产生良好的情绪体验，成为不断进取的加油站。

忍耐的智慧

　　你越成功，就会越自信，越自信就会使你越容易成功。因为成功让你产生了良好的情绪体验。

078

不完美其实也是一种美

一位未婚的男士来到一家婚姻介绍所，进入大门后，迎面见到两扇门。一扇门上写着：美丽的，另一扇门上写着：不太美丽的。他推开了"美丽的"门，又见到两扇门：年轻的和不太年轻的。他推开了"年轻的"门。迎面又见到两扇门：善良温柔的和不太善良温柔的。他推开了"善良温柔的"门，又见到两扇门：有钱的和不太有钱的。

就这样他陆续推开了有钱的、温柔的、忠诚的、勤劳的、高学历的、健康的、具有幽默感的9道门。

当他推开最后一道门时，只见门上写着一行字：您追求得过于完美，这里已经没有再完美的了，请您到大街上去找吧。原来他已经走到了婚介所的出口。

这个幽默故事讲的不仅仅是婚姻，它也在诠释人生的追求。云想衣裳花想容，人人都向往潇洒完美的人生。然而我们应该知道，十全十美的事在这个世界上是不存在的，就像鱼和熊掌不能兼得一样，所谓的"完美"，只不过是人们的一种幻想，一个目标罢了。不求完美，不把完美作为自己毕生的追求，也许这才是真正的完美，才是摆脱苦恼的根源。

《独立宣言》是美国非常珍贵的历史文件，是无价之宝，但就是这样一份神圣的、庄严的文件，其中竟也有两处"缺憾"。

当初这份文件成稿以后，人们发现其中遗漏了两个字母，可是没有人认为应该重新抄写一遍，而只是在行间打上了脱字符号，把这两个字母加了上去。《独立宣言》文字简约，篇幅不大，重新抄写并不难做到，但在上面签字的不拘小节、务实而又浪漫的美国精英们，并不认为"缺憾"有辱这份赋予国家自由的文件的圣洁，他们签下自己的大名后，就迅速投身于为文件内容的奋斗中去了。

有人问一位走红的女影星，是否觉得自己长得完美，她说："不，我长得并不完美。我觉得正因为长相上的某些缺陷才让观众更能接受我。"能认识到自己有种种不足并能正视这种种不足的人，可以说是自信的，心态也是健康的。

不完美，正是一种完美！允许自己不完美，接受别人的小瑕疵，是进入真爱的必需心情。人生有些事，不一定要求其完美，换个角度看，或许不完美其实也是一种美。

忍耐的智慧

允许自己不完美，接受别人的小瑕疵，是进入真爱的必需心情。人生有些事，不一定要求其完美，换个角度看，或许不完美其实也是一种美。

079

工作是谋生的手段，爱好是一种休闲方式

高薪工作与自己的爱好发生冲突如今已不稀奇，对那些年轻有为的职场尊贵们来说，多数人仍然会选择高薪。一位销售主管说他每年大部分时间都要出差，已经厌倦了这种整天陪着笑脸请客吃饭的工作，但不菲的收入又让他欲罢不能。在当今这个社会，没有钱是万万不能的。拥有一份高薪的工作，才能享受"尊贵"的生活。所以，哪怕他并不喜欢眼前的工作，为了一家人能生活得好一点也依然会做下去。

爱好不能当饭吃，发展爱好还得钱做后盾。大多数人都不甚满意他们目前的工作，一说起工作都"咬牙切齿"，恨不得赶明儿就跟老板吵一架，辞职出来，做点自己喜欢的事。说是这样说，但还是雷打不动，在那"流血流汗"的工作岗位上坚持着。有如此的结果就是：工作是用来赚钱的，不是用来喜欢的。有几个人能找到自己真正喜欢的工作呢？越是"高薪"的工作付出的就越多，但"高薪"是我们生存和发展的基础，有时候也是我们"喜好"的有力保障。所以，最好的办法就是找一份高薪的工作，工作之余维持一点自己的"喜好"，以"高薪"养"喜好",二者或许才可兼得。

古希腊有个哲学家以磨镜片为生,别人问他为什么要磨镜片,他说哲学是他惟一的爱好也是他生命的全部,若是将它作为谋生的手段,岂不是连这个惟一的爱好也没有了,那活着还有什么意思。当一个人将工作与兴趣爱好结合起来时,也许会如鱼得水,但也可能两败俱伤。如鱼得水是因为他并不将此工作当作谋生的手段,只是喜欢这份工作罢了;当一个人把自己最喜欢的东西当成职业的话,多半如一个人喜欢吃一道菜,天天吃这道菜就会反胃了。将兴趣与爱好当作谋生手段,实在是得不偿失。距离产生美,毕竟工作是有强制性的、枯燥的,而兴趣爱好则是随性的、完全自我的,要想相互完全协调是一件很难的事。

忍耐的智慧

如果把爱好当成谋生的手段,那你就会失去惟一的快乐,因为天天做着同一件事情,你会感觉很枯燥,它就不会再是快乐了。最好的办法是:找一份高薪的工作,工作之余维持一点自己的"喜好",以"高薪"养"喜好"。

080

让理智战胜情感

学习驾驶的时候，师傅曾严肃地对我们说过，如果有只猫跑到你正在行驶的车前，一定要狠下心来把它轧死。不可为了救一只动物而调整方向盘，以至于危及自己或他人的安全。对于心怀悲天悯人和喜爱动物的我们来讲，这实在是非常残忍。但你必须承认，师傅让我们相信他所恪守的一条准则——永远区分什么是对你最重要的。事实上，以结果而论，这条建议绝对是真知灼见，而很多人在受到情感和理智挑战的关键时刻，经常会让情感战胜理智，从而产生不可挽回的后果。

战场上有种治疗类选法（根据紧迫和救活率来选择优先治疗对象的方法）更能说明问题。战地医院的医生在伤员中进行挑选，哪些需要立即手术以挽救生命，哪些稍后治疗可以康复，哪些却是无法挽救只能死亡。这些选择不能出错，如果他不愿意这么做或者不能够做出判断并承担责任，他就是在推卸责任。

具备这种克制情感流露的能力，不仅让我们能够头脑清晰、不失去理智地判断和抓住重要的事物，而且在成就某些大事的过程中也尤其重要，有太多的历史证明意气用事所造成的千古遗恨。

电影《教父》里，老爸有一句经典的话，那就是：和你的朋友保持亲近，但要和你的敌人更亲密。勾践卧薪尝胆，并克制自己的痛苦情感，通过这样做使敌人放松警惕，而后伺机行动，这是常人所难以做到的。从前一直不能理解他怎么会把自己喜欢的女人献给吴王，其实舍不得孩子套不住狼，他们永远知道最重要的是什么，并为了目标的达成可以忍受一切的痛苦和折磨。

人生面临着诸多选择，比如名利、权势、情感、欲望、道义、爱好等等，人生也充满了无数的诱惑、陷阱、机遇和考验，有时候，为了达到更远大的目标，充分实现人生的价值，也为了过得更加轻松和愉快，你必须要懂得取舍。

法国哲学家蒙田曾说："假如结果是痛苦的话，我会竭力避开眼前的快乐；假如结果是快乐的话，我会百般忍耐暂时的痛苦。"一个人要想品尝成功的喜悦，就必须把眼光放远，知道什么事该做，什么事不该做，正所谓"有所为，有所不为"，这样的人生才是明智而成功的。

居里夫人曾说："我们不得不饮食、睡眠、游玩、恋爱，也就是说，我们不得不接触生活中最甜蜜的事情，不过，我们必须不屈服于这些事物。"为了长久的幸福，我们必须放弃暂时的享受与快乐，必须了解自己的责任和义务。

忍耐的智慧

如果你明确地知道什么对你来说是最重要的，那么，你就应该让理智战胜情感，为达成目标忍受一切的痛苦和折磨。

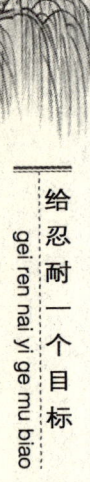

081

一个人的希望
有多大，他的成就才有多大

  李小龙是迄今为止在世界上享誉最高的华人明星。1973年7月，在美国加州举行的李小龙遗物拍卖会上，一张便笺被一位收藏家以2.9万美元的高价买走。同时，2000份获准合法复印的副本也当即被抢购一空。人们竞相抢购的就是李小龙写下的梦想。

  1940年11月，李小龙出生在美国三藩市，英文名字叫布鲁斯·李。因为父亲是演员，他于是很早就产生了当一名演员的梦想。可由于身体虚弱，父亲让他拜师习武来强身。后来，他从华盛顿州立大学哲学系毕业后像所有正常人一样结婚生子。但在他内心深处，时刻也不曾放弃当一名演员的梦想。

  一天，他与一位朋友谈到梦想时，随手在一张便笺上写下："我，布鲁斯·李，将会成为全美国薪酬最高的超级东方巨星。作为回报，我将奉献出最激动人心、最具震撼力的演出。从1970年开始，我将会赢得世界性的声誉；到1980年，我将会拥有1000万美元的财富，那时候我及家人将会过上愉快、和谐、幸福的生活。"

此刻，他的生活正穷困潦倒，不难想像，如果这张便笺被别人看到，会引起什么样的嘲笑。然而，他却把这些话深深地铭刻在了心底。为实现梦想，他克服了常人难以想像的困难。比如，他曾因脊背神经受伤，在床上躺了4个月，但后来他却奇迹般地站了起来。

1971年，幸运之神终于向他露出了微笑。他主演的《猛龙过江》等几部电影都刷新了香港票房记录。1972年，他主演了利落嘉禾公司与美国华纳公司合作的《龙争虎斗》，这部电影使他成为一名国际巨星，并被誉为"功夫之王"。1998年，美国《时代周刊》将其评为"20世纪英雄偶像"之一，他是唯一入选的华人。

人总是为着某种目标而生活。有了目标，人生就有了意义，有了方向，有了追求。一个人如果没有目标，就像射箭一样，不知道箭靶的位置，你就永远无法射中它。成功者之所以能够成功，最重要的一个因素是目标明确，时时盯着自己箭靶的位置。

你一定要有一个明确的目标，一个你真正想要去完成的目标。当你朝着自己的目标前进时，你只要放眼往前看，能看多远，你就能走多远。当你到达目力所及的地方时，你会发现，你还能看得更远……

忍耐的智慧

人总是为着某种目标而生活。有了目标，人生就有了意义，有了方向，有了追求。一个人始终盯着自己的目标，才会有永不枯竭的动力和永不气馁的行动。

给忍耐一个目标

一老一小两个相依为命的瞎子，每日里靠弹琴卖艺维持生活。一天老瞎子病倒了，他自知时日不多，便把小瞎子叫到床前，紧紧地拉着小瞎子的手，吃力地说："孩子，我这里有个秘方，这个秘方可以使你重见光明，我把它藏在琴盒里面了。但你千万记住，你必须在弹断第一千根琴弦的时候才能把它取出来，否则，你是不会看见光明的。"小瞎子流着眼泪答应了师父。老瞎子含笑离开了人世。

一天又一天，一年又一年，小瞎子用心铭记着师父的遗嘱，不停地弹啊弹啊，将一根根弹断的琴弦收藏着，用心记着它们的数目。当他弹断第一千根琴弦的时候，当年那个弱不禁风的少年小瞎子已到了垂暮之年，变成一位饱经沧桑的老者。他按捺不住内心的喜悦，双手颤抖着，慢慢地打开琴盒，取出秘方。

别人告诉他，那是一张白纸，上面什么都没有。

老瞎子骗了小瞎子。

然而，他却笑了，泪水滴落在纸上，他明白了师父的良苦用心。

那"秘方"是希望之光，是在漫漫无边的黑暗摸索与苦难煎熬

中，师父为他点燃的一盏希望的灯。倘若没有它，他或许早就被黑暗吞没、早就在苦难中倒下了。他之所以坚持着，忍耐着……因为他的心中充满了希望。

忍耐的智慧

当人们的行动有了明确的目标，行动的动机就会持续并得到维持和加强，人们就会自觉地克服一切困难，努力达到目标——哪怕这个目标是一个善意的谎言。

083

让信念唤醒潜能

　　人们身体中的亿万细胞，都有着巨大的潜力。这种潜力，只要能被唤起，就可以做出种种神奇的事情来。然而大部分人，都不能明了这一点。病人在生命垂危的时候，听了医生或至亲好友的热诚恳切的一席安慰话后，竟会起死回生，这在医学界中，是屡见不鲜的事。如果病人以为必不能痊愈，必无希望的时候，身体中抵抗疾病的力量就会遭到破坏，从而任由病势的猖獗。只有在病人失掉了信心，而存在着必死的想法时，疾病才能致命。

　　譬如一个人在受创或骨折了以后，他内部的医治作用立刻开始，只要他的心理作用、精神态度不妨碍他身体内部的医治和修复，则自愈的过程就会很快地完成。

　　佛祖释迦牟尼在恒河南岸说法时，北岸有一位信徒想过河去听法，他问岸边的船夫河水深不深，船夫说很浅，只到膝盖而已。那个人对船夫的话毫不怀疑，高兴地想：那我就可以走过去了！结果他就从河面上走过去了。南岸听法的人看到一个人从河面上走过来，都吓坏了，因为河水有好几丈深。

这个记载在《阿含经》中的故事虽然有点玄乎，但一个人的信心确实可以产生超乎寻常的作用。充满信心的演说家或者运动员，往往会有超水平的发挥。信心是一种神秘的力量，它使全身的肌肉、骨骼、筋脉、器官和血液都处在最佳的状态，并使它们配合得天衣无缝。

每次当博格斯告诉他的同伴："我长大后要打 NBA。"所有听到的人都忍不住哈哈大笑，甚至有人笑倒在地上，因为他们"认定"一个 160 厘米的矮子是绝不可能打 NBA 的。

他们的嘲笑并没有阻断博格斯的志向。

他用比一般人多几倍的时间练球，终于成为全能的篮球运动员，也成为最佳的控球后卫。他充分利用自己矮小的"优势"：行动灵活迅速，像一颗子弹一样；运球的重心最低，不会失误；个子小不引人注意，抄球常常得手。

现在博格斯成为有名的球星了，从前听他说要进 NBA 而笑倒在地的同伴，现在常炫耀地对人说，他们小时候是和黄蜂队的博格斯一起打球的。

真的，世界上没有任何力量像信念这样，对我们的影响如此巨大。

忍耐的智慧

信念能左右我们的思想和心态，继而影响我们的生命状态。

084 接受事实是克服任何不幸的第一步

人生中总是充满了不可捉摸、无法预知的变化因素，如果它能给人们带来快乐，当然是好的，人们也很乐意接受这个结果。但事情往往不遂人愿，甚至有时候它会带给人们不可预知的危机。如果人们不能试图学会接受它，相反，却让灾难主宰了我们的心灵，那么生活就可能永远失去了阳光。

在人的一生中，必然会遇到许多不愉快的经历，有时它们是不可躲避的，而且也是无法选择的。一位哲人说："心甘情愿地接受吧！接受事实是克服任何不幸的第一步。"

事情既然是这样，就不会成为别的样子。环境不能决定我们是否快乐，相反，我们对事情的行为反应反过来进一步决定着我们的心情和态度。实际上，我们每个人都比自己想像的更坚强。

我们有太多愿望不能实现，也曾失去很多珍贵的东西，我们的人生旅途并不总是一帆风顺。如果我们不接受现实，不接受命运的安排，同时又不能改变分毫事实，就会感到生活是多么的痛苦。

如果你让自己的痛苦总是停留在不幸的层面上,你就会越想越伤心,越想越生气,当这种情绪不断蔓延的时候,你根本没有心情去做别的事情。这不仅不能为改善你的生活起到任何作用,反而会影响你为自己创造更好条件的机会和时间。如果你能接受这种事实,将咀嚼痛苦的时间用来努力改善自己的生活条件上,那么也许在很短的时间后,你很可能已经在咖啡厅里悠闲地喝着咖啡,欣赏高雅的音乐了。

虽然有时候我们常常会因为遇到了困难而暴躁不安,可是苦难不会因为你的暴躁而消失。所以,当我们苦闷的时候可以尝试着放松心情,暗示自己这是很正常的事情,没有什么大不了的。可以适当地倾诉,但是不能将心情一直沉浸在不幸的事情上。充满信心,昂首挺胸地迎接生活的挑战才是打胜仗的前提条件。

作为不平凡的和即将不平凡的我们,面对不可避免的事实,应该学会接受,应该学会做到像诗人惠特曼所说的那样:"让我们学着像树木一样顺其自然,面对黑夜、风暴、饥饿、意外与挫折。"

一个有着多年养牛经验的人说过,他从来没见过一头母牛因为草原干旱、下冰雹、寒冷、暴风雨以及饥饿而会有什么精神崩溃、胃溃疡等问题,也从不会疯狂。只要有任何可以挽救的机会,我们就应该尽最大努力去奋斗。但是,当你发现形势已成定局,或是在人力也无法改变的情况下,接受现实调整好心情也许是最好的选择。

忍耐的智慧

环境不能决定我们是否快乐,相反,我们对事情的行为反应反过来进一步决定着我们的心情和态度。

085 相信自己的判断，要有敢于质疑权威的勇气

多数情况下，你还得相信自己的判断。乔·库德尔特是几乎丢了性命才学会这一点的。一天他在看书的时候，无意识地挠了挠后脑勺，忽然注意到有那么一块地方，在挠头时发出的声响就和指甲划在空纸盒上的声音差不多。他马上去找大夫。

"您说您脑袋里有个洞？"大夫取乐似地说，"什么也没有，有的恐怕也是您头皮上哪根神经弹出的曲子！"

两年里库德尔特找了4个大夫，他们都告诉他完全正常。在找到第5个大夫时，库德尔特几乎都绝望了："我自己的身体我自己清楚，我知道里面肯定有什么不对的地方。"

"您要不信我的话，我就做X光，让您看看我说的对不对。"大夫说。

果不其然，肿瘤在库德尔特脑袋里已形成了一个眼球大小的空洞。手术以后，一个挺年轻的大夫站在他床边，踌躇片刻后说："要说也是件好事儿，您还是很聪明的。大多数人都死在这种瘤上，因为我们

不知道它在哪儿，等发现时已晚了。"

库德尔特知道自己并不聪明，而且在权威面前也表现得很驯服。在找前4个大夫看病时他就应该直言。

我们不应该被行家之言所吓倒。当我们在我们确实熟知的领域，如我们的身体、我们的家庭、我们的住所，我们可以听听行家如何说，但更重要的是我们才是权威。我们的推测或许和他们的差不多，有时可能还要比他们的强些。

权威的存在为人们节省了时间和精力。你不必再从头研究几何学，只需学习阿基米德的理论就行了；你也不必去观云识风，只要收听天气预报就可以了。但是，在需要创新的时候，人们往往很难突破权威的束缚，有意无意地沿着权威的思路向前走，总是被权威牵着鼻子。

因此，权威惯性在社会中得到不断强化，这绝对不是一种好现象，因为在权威的鼻息下生活惯了的人们，会习惯于听从权威而失去独立思考的能力，而一旦失去了权威，他们常常会感到手足无措。为了保持创新思维的活力，你要时刻警惕着权威定式，做到尊崇权威，但也要有质疑他们的勇气。

忍耐的智慧

当我们在我们确实熟知的领域，如我们的身体、我们的家庭、我们的住所，我们可以听听行家如何说，但更重要的是我们才是权威。

086

忘却是一种选择性的放弃

弘一法师曾说:"忘记并不等于从未存在,一切自在来源于选择,不如放手,放下的越多,越觉得拥有的更多。"

还记得那个喜欢徒步撒哈拉沙漠,四处为家,喜欢原生态事物的台湾作家三毛吗?她小时候是个勇敢而又活泼的女孩,喜欢体育运动,特别擅长语文。有一次甚至跑到老师那里,批评语文课本编得太浅太烂。

十二岁那年,三毛以优异的成绩考取了台北最好的女子中学。初一时,三毛的学习成绩还行,但到了初二,不擅长数学的她在数学上一直滑坡,时常考试不及格。然而好强的三毛发现了一个考试窍门,她发现老师考试的考题都是从课本后面的习题中选出来的。于是三毛每次临考,都凭自己的记忆优势把课本习题背得滚瓜烂熟,如此一连几次她都考了满分。对此老师开始怀疑,特意在某一天把她单独叫到办公室让她临时做一张考卷,结果三毛答了零分。这位数学老师在全班面前羞辱了三毛,还用毛笔在她眼眶四周涂了两个圆圈。此情此景令全班同学哄笑不止。老师并没有罢休,又命令三毛到教室外面,在大楼的走廊里走一圈。她不敢违背，只好走完了"漫长"的一圈。

事后，三毛对这件丢脸的事情无法忘怀，心理上一直都未曾调整过来，渐渐地开始逃学、厌学，直至休学在家。甚至姐姐弟弟在餐桌上谈论学校的事情也让她痛苦，结果连吃饭她都躲在自己的小屋里，不肯出来见人，就这样她有了自闭的倾向。

1991年，三毛在台北自杀身亡，永远地离开了这个世界。不能确切地说儿时的这段不快的经历跟她最终放弃了生命有必然的关系，但它确实是形成三毛自闭性格的主要原因，再加之其性格中固有的脆弱和偏执，自杀似乎也并不是毫无来由的。

忘却是一种能力，是一种选择性的放弃。对于一些不愉快的事，不值得一提的小事，毫无意义的琐事，应该尽早地忘掉。也许除了我们自己之外，根本没有人把它放在心上，当成一回事。只有我们自己长久地留在心底，好像心上的一片乌云、水彩画上的一道抹不去的墨痕，影响个性整体的发展与完善。

我们拥有记忆的能力，却常常抱怨自己记忆力不强。博闻强记、过目不忘固然好，但忘却未尝不是一件好事。

忍耐的智慧

忘却是一种能力，对于一些不愉快的事，不值得一提的小事，毫无意义的琐事，应该尽早地忘掉。否则，它会影响我们个性整体的发展与完善。

087

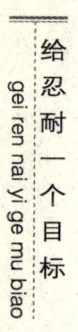

不只谋求今天的发展，还要能预见未来走势

哈佛商学院教授莱维特的名作《营销近视眼》中讲了这样一个故事：一个亿万富翁在炒作电车股票中赚了大量的金钱，于是他在临终的时候立下遗嘱，规定儿子只能将这些钱用来购买电车公司的股票，因为他认为电车是人类社会离不开的交通工具。他说："只要有人类社会存在，电车公司就不会破产！"

但谁也没有想到，他的儿子继承遗产后不长的时间，私人汽车迅速崛起，电车公司纷纷破产。因为遗嘱的规定，他又不能用这笔钱去买其他公司的股票，只能眼睁睁地看着这些电车股票最终跌得一文不值。后来，有人看到这个郁闷的富翁之子在一个加油站里工作，为来来往往的私人轿车加汽油。

把塞满你视野的障碍抛开，你将可以看到一个全新的世界。

美国一家高科技公司在大萧条时期为挽救公司聘请了一位经理，这位经理走马上任以后针对市场疲软的事实，毫不犹豫地把一大批高薪技术开发人员解雇，由于生产成本降低，公司很快走出低谷，董事会一致认为新总经理有眼光。可是5年以后这家公司在经济恢复时期却出人意料地面临破产，原因在于那位总经理当初只顾眼前利益解雇大批技术开发人员，造成技术开发研制在5年内几乎处于停顿状态，当市场需求恢复活力、人们要求提高时，公司的产品却跟不上时代的需要。

这是一个真实的案例，"近视"的危害可能在短期中不会爆发，但是一旦超出你当初的视野，马上就会掉进泥淖中。

当你只看到眼前利益，而把5年、10年以后的利益置之不顾时，这是非常有害的。正是由于近视，人们大量砍伐森林，造成严重的环境污染，破坏臭氧层，20年后空气都会成为商品，这绝不是危言耸听。

给自己配副近视眼镜，从短期的范围中抬起头来，看看远处的风景。

忍耐的智慧

如果我们只把目光投向远方，有可能被脚下的石头绊倒；如果我们只顾眼前，就找不准前进的方向。所以，不仅要谋求今天的发展，还要能预见未来的走势。

088

梦想要远大，但目标要具体

我们说，梦想要远大，目标一定要切合实际，而且要明确、具体。你不能奢望一口吃成个胖子，一锹挖好一口井。比如你现在月薪是3000元，你就不能奢望一下子涨到3万元，那是不切合实际的。你可以设定到4000元、5000元，然后这样慢慢地接近一万元、两万元。长远的目标不是一天两天就能达成的，如果你患了急躁病，不但不能实现目标，反而会挫伤你的锐气，使你很容易中途放弃，反而一事无成。

所以，设定目标要从现实着手，不要心急。小树苗长成参天大树的过程，只是每天有一点点的成长，是你用肉眼根本看不到的变化。同时要想让一棵树能出材料、派上用场，也要等上10年、20年的工夫才行。成功并不难，难的是你每一天都要严谨、认真地做出一些改变，让自己每一天都有一点点的进步！假以时日，成功便是水到渠成的事情。

每向前一点就是向成功迈进一点，不要小看这一点，只要你一直坚持，当你回头看的时候，你会发现你已经走过了很多的路。而这些路在你决定一点一点做之前看起来是那么遥远，现在居然在不经意间走完了。

我们不能够一步登天，但我们可以一步一个脚印地向前；我们很难做到一鸣惊人，但我们可以坚持做好一件事；我们不可能一下子成为天才，但每天进步一点点是完全可能的。

每天进步一点点也许并不明显，但这毕竟是在向前走。只要向前走了，今天就比昨天强，就是对现状有所突破，就是用一种崭新代替一种陈旧。

每天进步一点点是一种务实精神，它堵死了一时心血来潮的浮躁，也拒绝了一时心灰意冷的悲凉。始终那么平静、从容，步履稳健。不允许每一天虚度，不放纵每一天的庸碌，不原谅每一天的懒散。

每天进步一点点，没有不切实际的狂想，只是在向着有可能眺望到的地方奔跑和追赶，不需要付出太大的代价，只要努力，就可以达到目标。

忍耐的智慧

成功并不难，难的是你每一天都要严谨、认真地做出一些改变，让自己每一天都有一点点的进步！

要在绝望中看到希望

一艘轮船在海上遇难,有个人在沉船之后很幸运地抱住一根木头,随波逐流地漂上一个小岛。他没有丧失信心,走遍全岛,几乎把所有能吃的东西都找了来,并用木头搭了一个小棚子以储放他的食物。

他每天都登上高处向海上张望,一个星期过去了,一只船的影子也没看见。一天他又去张望,天阴下来,雷电大作,忽然,他看见自己木棚的方向升起了浓烟,他急忙跑回去,原来是雷电击中了木房,大火熊熊地燃烧了起来。他希望赶快下一场雨把火浇灭,因为木棚里有他所有的食物啊!可是,天空却变得晴朗了,一滴雨也没有下,他的木棚子化为灰烬。

他绝望了,心想这一定是老天断了自己的后路,便在一棵树上结束了自己的生命。就在他停止呼吸后不久,一艘船开了过来,人们来到岛上,船长一看见灰烬和吊在树上的尸体就明白了一切。他说:"他没有想到失火冒出的浓烟会把我们的船引到这里,他只要再坚持一会儿就会获救的。"

机会常常在意想不到的时刻到来。在困境之中,我们不仅要有创造机会的能力，还要有等待机会的耐心和勇气。重要的是一定要有足够的耐心，要坚持下去，不要被绝望击倒。

洛杉矶发生了历史上罕见的大地震之后，许多人致富的梦想也随之变成了一片瓦砾。然而，就在地震发生后的第一个清晨，一个没有被灾难所压倒的人，看到了一个契机：几乎所有小本投资者都急需恢复生产的资金。于是，他把一块木板往两个大铁皮桶上一放，开始了废墟上的小额信贷业务。就这样，这个没顾得上在瓦砾中叹息的人，及时发现和抓住了机会，从当时大银行不屑一顾的小额信贷业务中独辟蹊径闯进了金融市场，最终发展成为全球著名的花旗银行。

在巨大的危机到来时，要有绝境求生的勇气，就是从一片瓦砾中也要看到希望。在这种人生最关键的时刻，一定要有坚持下去的意志。要相信，只要坚持着，就有希望。

忍耐的智慧

在困境之中，我们不仅要有创造机会的能力，还要有等待机会的耐心和勇气。重要的是一定要有足够的耐心，要坚持下去，不要被绝望击倒。

090

用生气的方式解决不了问题

在古老的西藏，有一个叫爱地巴的人，每次和别人争执生气的时候，就以很快的速度跑回家去，绕着自己的房子和土地跑三圈。后来，爱地巴的房子越来越大，土地越来越多，但不管房子和土地有多大，只要与人争论生气，他还是会围着房子和土地绕三圈。

多年后，爱地巴禁不起孙子的再三恳求，终于说出他每次生气都绕房子和土地跑三圈的秘密。他说："年轻时我和人发生争执，就绕着房子和土地跑三圈。我边跑边想：我的房子这么小、土地这么少，我哪有时间，哪有资格去跟人家生气。一想到这里气就消了，于是就把所有的时间用来努力工作。后来，房子越来越大，土地越来越多，我再与人生气绕着房子和土地走三圈时就会想：我的房子这么大，土地这么多，我又何必跟人计较？一想到这儿气就没了。"

人们都知道气大伤身，知道生气不能解决问题，但是在很多时候，仿佛总是有无数的事情故意和你过意不去，让你不可避免地生气。人不是圣贤佛祖，就是泥菩萨还有三分土性，哪有不生气的人呢？但是，你是经常生气的人，还是即便生气之后也能很快恢复平静、更加理智

地去解决问题的人呢？这对生活是非常重要的。

忍耐的智慧

当我们不如别人时，我们没有时间生气，把自己做大做强才是我们的目的；当我们比别人强时，我们没有必要生气，因为狮子不屑于与老鼠打架。

091 与成功者合作

公元前450年，古希腊历史学家希罗多德来到埃及，他在奥博斯城的鳄鱼神庙里发现，大理石水池中的鳄鱼，在饱食后常张着大嘴，听任一种灰色的小鸟在那里啄食剔牙。这位历史学家感到非常惊讶，他在自己的著作中写道："所有的鸟兽都避开凶残的鳄鱼，只有这种小鸟却能同鳄鱼友好相处，鳄鱼从不伤害这种小鸟，因为它需要小鸟的帮助。鳄鱼离水上岸后，张开大嘴，让这种小鸟飞到它的嘴里去吃水蛭等小动物，这使鳄鱼感到很舒服。"

这种灰色的小鸟叫燕千鸟，它在鳄鱼的血盆大口中寻觅水蛭、苍蝇和食物残屑。有时候，燕千鸟干脆栖居在鳄鱼的身上，好像在为鳄鱼站岗放哨。一有风吹草动，它们便一哄而散，使鳄鱼猛醒过来，做好准备。

燕千鸟是以保持掠食者的健康来换取食物的，它们都是与成功者为伍的榜样。它们的行为与傻乎乎的毛毛虫不同。它们有明确的目的，并且知道鳄鱼每次成功的捕食，都会给自己带来好处。

自然界总会给人类带来好的启示。还没有获得成功的人，都可以拿燕千鸟等动物做榜样。在成功者周围，做他的伙伴，让他知道你对他有价值，最终你可以从他那里分得利益。这样做绝不是交易，这是合作，是借助有实力的伙伴来取得属于自己的成功。

身在职场，特别是职场新人要特别注意这一点。身边的每个人都是老师，在他们中找一位最出色的做朋友，你就会从中获益，他能够给你提出建议、给予指导。

在你的家庭和亲友中，在你的社交圈子里，在你的专业网络里，你总能找到那么一两位——他们已经是某一方面的"赢家"。借助你与他们的关系与他们交往，把你的能力展示给他们，你就会成为赢家中的一分子。

利用"赢家"的影响，争取自己的利益，对于新生力量永远都不失为最佳选择。

忍耐的智慧

在成功者周围，做他的伙伴，让他知道你对他有价值，最终你可以从他那里分得利益。这样做绝不是交易，这是合作，是借助有实力的伙伴来取得属于自己的成功。

092 给目标设定一个期限

1958年，经过多年调查研究，英国历史学家、政治学家诺斯科特·帕金森提出了"帕金森定律"。他发现，同一个人做同一件事耗费的时间差别极大：一个人10分钟就能看完的一份报纸，也可以看上半天；忙的时候，在20分钟内就能寄出一叠明信片，但在他闲得没事的时候，为了给太太寄张明信片，可以花上一整天……

用一句话来概括"帕金森定律"，那就是：如果不加以规划，工作会延展到填满你所有的时间。在现实生活中，这个定律经常能发生作用。

一天早上，迈克在读报纸时，发现自己非常幸运地中了一项大奖，可以免费去瑞士度假三天，住在豪华的海边别墅里，吃住全包，一分钱都不用花，而且第二天一早就出发。迈克的第一个反应是：这简直太棒了！但他冷静下来一想，自己还有一大堆事情要做，短短一天，怎么可能做得完呢？

于是，迈克马上开动脑筋安排开了，他拿出纸笔，首先把要做的事一一记下来，依据重要程度排好，取消一些不必要的约会，还把一些事情委托给其他人处理，短短一上午工夫，迈克就完成了平时需要好几天才能完成的工作。接下来的三天，他享受了有生以来最愉快的一次假期。

时间太过充裕，人们就会有懈怠的心理。所以给目标设定一个期限，然后全力以赴，是赢得成功所必备的条件。

忍耐的智慧

时间太过充裕，人们就会有懈怠的心理。所以给目标设定一个期限，然后全力以赴，是赢得成功所必备的条件。

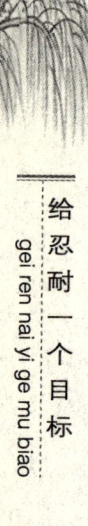

093 想像力统治全世界

在人们的童年时代大都是充满了各种幼稚的梦想。钢铁大王卡内基 15 岁的时候，便对他那 9 岁的小弟弟汤姆谈论他的种种希望和志向。他说假如他们长大些，他要如何组织一个卡内基兄弟公司，赚很多的钱，以便能够替父母买一辆马车。

他和弟弟天天玩着这种游戏，自然而然地在他的内心便保留着这样的梦想。这种"假如"的游戏，总是促使他努力工作。等到机会真正来了的时候，他便在现实中抓住，正如他抓住梦想一样，最后他总是能将梦想变为现实。

阿姆斯特朗小的时候，喜欢在庭院里玩耍，尤其是在有月亮的晚上。有一次，母亲正在做晚餐，6 岁的他在院子里望着月亮跳来跳去，母亲好奇地问他在干什么。他天真地说："我在试着跳到月亮上去。"

母亲并没有斥责阿姆斯特朗天真得近乎荒唐的想法，而是微笑着说："好啊！不过一定要记得回来吃晚饭啊！"长大后的阿姆斯特朗果真是世界上第一个"跳"到月球上的人。

分析一下你自己就会发现，任何事物，可以说所有的事物在它成为一个事实之前，都只是个梦想而已。过分谨慎的人通常是不会成功的，因为他们不敢想像他们将来要做什么。过分谨慎限制了他们的想像。

想想温赫·蒙·布昂吧，当初人们讥笑他想把人类送上月球的野心时，他在意了吗？如果亨利·福特听从了那些好伙伴的规劝，而不去试着制造一部人人都买得起的汽车的话，他会有今天的成就吗？

很多科学发现都是缘于"想象"。世界最著名的一个"想"出来的发现，就是法国一位科学家想象"电子具有波的性质"。经过一番探索研究，这位科学家终于证实，电子的确具有波的性质。由此，在人类知识的海洋中又多了一门学科——量子力学。

当生命走到尽头时，我们才会了解到梦想是干成一切事业的起点。以后如果有人说你傻得如同白日做梦，你就分析一下那个人，也许你会发觉他或她肯定非常平庸，什么成就也没有，也不会受人佩服。这种人绝不是你的榜样。

每个人都需要别人的建议，但要记住，你只能接受那些相信梦想有其不可思议的力量的人所给你的建议。

拿破仑曾经说过："想像力统治全世界。"一个人想像力越丰富，他成功的次数就会越多。反之，就会越少。

忍耐的智慧

一个人的想像力往往决定了他成功的概率。

094

每个人都有别人无法取代的优势

事实证明一个人要想获得成功一定要具备某种优势。当今世界赛事不断，每天都会产生无数个世界冠军、全国冠军，而这些冠军的产生其实都说明一个问题，那就是，获得冠军的这个人在这个项目上具有别人不能比拟的优势。

也许我们永远不可能成为某一个领域的冠军，但你一定要坚信在你的身上一定存在着某一点别人不能比拟的优势，只不过你没有发现而已。比如说你写的字很好看，或者你的声音很动听，或者你做的饭很好吃，或者你长得有特点，这些看似平常的东西，其实都是你潜在的优势，你所要做的就是把你的优势最大限度地发挥出来。

希尔顿饭店餐饮部有名不起眼的冷盘厨师。他似乎没有什么特别的长处，谁都可以支使他干活，谁都可以批评他。但是他会做一道非常特别的甜点：把两只苹果的果肉都放进一只苹果里，因此，那只苹果就显得特别丰满，果核也被他去掉了，吃起来特别香甜。可是从外表一点也看不出是两只苹果拼起来的。

有位贵妇人品尝了这道甜点之后十分喜欢，并特意约见了做这道甜点的厨师。从此以后，她在希尔顿饭店长期包租了一套昂贵的客房，虽然每年大约只有一个月的时间在这里度过，但她每次来都会点这个厨师做的苹果甜点。饭店年年都要裁员，可是这个职位低微的厨师却一直能够保住工作，因为对于饭店和它重要的客人来说，那个厨师是不可缺少的人。

尼克松担任美国总统时，白宫几次进行权力变动，但基辛格始终保有一席之地。这并不是因为他是最好的外交官，也不是因为他与尼克松相处融洽，更不是因为他俩有共同的政治理念。而是因为他涉足政府机构内的领域太多，离开他会导致极大的混乱。

事实就是这样，没有在自己的位置上做出个性化业绩的人，在职场上就是可有可无的人。如果去做一份任何人都可以做的工作，那么，你的工作随时都有可能被别人顶替。要成为在职场上不可或缺的人，就要在某个方面比别人有优势。

忍耐的智慧

其实每个人都有其潜在的优势，你所要做的就是把你的优势最大限度地发挥出来。

苦难出卓越

障碍与苦难并不是我们的仇人,这就好像森林里的橡树,经过千百次暴风雨的摧残,非但不会折断,反而愈见挺拔。人们所承受的种种痛苦、磨难,也在挖掘人们的才能,锻造人们不屈的斗志。

斯潘琴说:"许多人的生命之所以伟大,就来自他们所承受的苦难。"最好的才干往往是从烈火中冶炼的,从顽石上磨炼出来的。

在马德里的监狱里,塞万提斯写成了著名的《唐吉诃德》,那时他穷困潦倒,甚至连稿纸也无力购买,只能把小块的皮革当作纸写。

有人劝一位富裕的西班牙人来资助他,可是那位富翁答道:"上帝禁止我去接济他的生活,惟因他的贫穷才使世界富有。"

在那个时代,监禁的苦难往往能燃起许多人心中沉睡着的火焰。《鲁滨逊漂流记》一书是写在牢狱中的;一部《圣游记》诞生在贝德福监狱;瓦尔德·罗利爵士那著名的《世界历史》,也是在他被困监狱的13年当中写成的。

马丁·路德被监禁在华脱堡的时候,把圣经译成了德文;但丁被宣判死刑,在他被放逐的20年中,他仍然孜孜不倦地写作;约瑟尝尽了地坑和暗牢的痛苦，终于当上了埃及的宰相。

有人曾问一位著名的艺术家，跟随他习画的那个青年，将来会不会成为一个大画家。他回答说："不，永远不！他每个月有6000元的收入。"这位艺术家知道，人的本领是从艰难奋斗中锻炼出来的，而在财富的阳光下，这种精神很难发挥。

班扬甚至说："如果可能的话，我宁愿祈祷更多的苦难降临到我的身上。"

一个真正勇敢的人，愈为环境所迫，反而愈加奋勇，不战栗不逡巡，昂首挺胸，意志坚定。

他敢于面对任何困难，轻视任何厄运，嘲笑任何障碍，因为贫穷困苦不足以损他毫发，反而增强了他的意志、品格、力量与决心，正是这些苦难使他们成为最卓越的人。

忍耐的智慧

许多人的生命之所以伟大，就来自他们所承受的苦难。最好的才干往往是从烈火中冶炼的，从顽石上磨炼出来的。

把强烈的期望变成行动的目标

要改变自己的生活必须从培养期望做起，但光有强烈的期望还不够，还得把这种期望变成一个目标。也就是说，你应该用想像力在头脑里把目标绘成一幅直观的图像，直到它彻底地成为现实。

美国电影演员皮特·奥尼尔通过切身体验发现了制定一个具体目标的重要性。当时，奥尼尔的私人医生向他严厉地指出在他面前摆着两条路，要么去戒酒，要么去殡仪馆。经过一番思想斗争，奥尼尔最后戒了酒。

波顿在其主演的影片《部落的人》获得极大的成功后，也决心要戒酒。他逐渐感到，由于酒喝得太多，他甚至连台词都记不住了。他说："我很想见见与我合作过的那些演员，我知道他们都是好样的，可我现在连一个单独的镜头都回忆不起来了。"

这一可怕而痛苦的经历促使他产生了要改变自己生活的强烈愿望。他为自己制定了一个具体的目标，即严格地节制——过一种与酒告别的无忧无虑的生活。他对自己期望的东西进行了明确的描述，甚至对与喝酒的朋友在一起相处会损失什么也着实考虑了一番，他明白，在

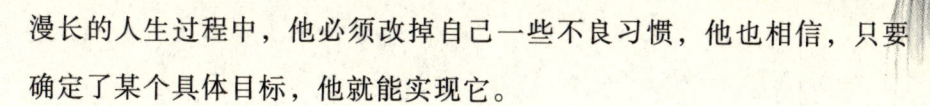

漫长的人生过程中，他必须改掉自己一些不良习惯，他也相信，只要确定了某个具体目标，他就能实现它。

波顿为自己制订了一个理疗计划：每天游泳、散步，平常禁止喝酒。经过两年时间不懈的努力，他终于达到了目的，他又重新组建了家庭，过着美满幸福的生活。他兴奋地说："我的工作能力完全恢复了。我发现自己比酗酒以前更加敏捷，精力更加充沛，脑子转得也更快了。"

一个人若没有明确的目标，以及达成这项明确目标的明确计划，不管他如何努力工作，都像是一艘失去方向的航船。

辛勤的工作和一颗善良的心，尚不足以使一个人获得成功，因为如果一个人并未在他心中确定他所希望的明确目标，那他的努力又怎么会找到方向，他又怎么能获得成功呢？

忍耐的智慧

有了目标，就如同候鸟有了目的地，即使总在飞翔，累得上气不接下气，也总有期望的目标，总是能够坚持下去。

097 为证明自己而还击别人的想法是愚蠢的

有人伤害你、击败你之后，你决定改变自己，你变得非常努力，这仅仅是为了还击自己的敌人。实际上你仍然被击败了，当你为仇恨而牺牲了内心的平静时，你已经把自己的力量给予了敌人，让他们完全地控制了你。最好的解决办法是放弃任何带有"血腥味"的追求，过充实的生活。让嫉妒控制你，正如让别人控制你一样，是失去自我的根本原因。

曾有一个电视记录片，讲述了一个游泳运动员的故事。他在上一届奥运会上由于零点几秒之差与金牌失之交臂，他对微弱的差距感到气愤，发誓在下一届奥运会上夺金。他全身心投入训练就是为了下一场比赛的胜利。记录片偶尔也会播出在四年的训练期间对这位游泳运动员的采访，他的毅力让人感到震惊。我们在钦佩他的约束力和坚韧之余，但从某种角度来说，他的追求是可悲的。

当他把自己的自尊建立在一场胜利之上时，他似乎被比赛包围了、占有了。他的人生以下一场比赛为支点而旋转，他并没有好好去享受四年的时间。最后，他终于实现了自己的诺言——夺得金牌。我们如释重负地松了一口气，不敢想，如果再输了，他会怎么办。当然，赢得胜利很重要，但这一切不能以牺牲快乐为代价。如果快乐是成功惟一的衡量标准，那么这个运动员的胜利是不完全的。他用四年的时光来换取领奖台上的一刹那，却要经历一段痛苦的追求过程。曾有一位教练告诉运动员："如果没有金牌，你不够好；有了金牌，你也不会好。"这似乎一语道破了竞技运动的真谛。

如果你因为仇恨而报复别人，他们就会控制和拥有你的灵魂。正确的方法是忘记一切仇恨，去做那些即使没人关注、你也想做的事情，这是因为你在意这些事。正如医生卡罗林·史密斯所说："重要的不是你做什么，而是你为什么这么做。"在一件正确的事中，为什么这么做占90%，做什么和怎么做只占10%。

如果总想证明自己，你永远不可能胜利。放弃证明自己的想法吧，真实地做一回自己！不理解你的人不会接受你的任何证明，欣赏你的人即使你没有证明什么，他依然会欣赏你。一切都是不言自明的。解释、辩护、找理由都是情感的流沙，你越试图这么做，就会陷得越深。

忍耐的智慧

放弃证明自己的想法吧，放弃任何带有"血腥味"的追求，真实地做一回自己。不理解你的人不会接受你的任何证明，欣赏你的人即使你没有证明什么，他依然会欣赏你。

098

没有自己的想法，便会俯仰由人

美国前总统罗纳德·里根在小时候曾到一家制鞋店定做一双鞋。鞋匠问年幼的里根："你是想要方头鞋还是圆头鞋？"里根不知道哪种鞋适合自己，一时回答不上来。于是，鞋匠叫他回去考虑清楚后再来告诉他。过了几天，这位鞋匠在街上碰见里根，又问起鞋子的事情。里根仍然举棋不定，最后鞋匠对他说："好吧，我知道该怎么做了。两天后你来取新鞋吧。"

去店里取鞋的时候，里根发现鞋匠给自己做的鞋子一只是方头的，另一只是圆头的。"怎么会这样？"他感到纳闷。"等了你几天，你都拿不定主意，当然就由我这个做鞋的来决定了。这是给你一个教训，不要让人家来替你做决定。"鞋匠回答说。里根后来回忆起这段往事时说："从那以后，我认识到一点：自己的生活自己做主，如果遇事不能自己做主，就等于把决定权拱手让给了别人，一旦别人做出糟糕的决定，到时后悔的是自己。"

不相信自己，那只能去听信别人，因为有许多个"别人"，那么，

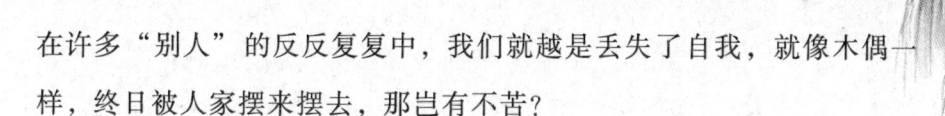

在许多"别人"的反反复复中,我们就越是丢失了自我,就像木偶一样,终日被人家摆来摆去,那岂有不苦?

生活是自己的,快乐还是幸福,痛苦还是悲伤,只有你自己知道,谁都不能替你享受幸福或承受痛苦。做自己的主人,主宰自己的生活,掌握自己的命运,因为只有你自己知道你最想要的是什么。

忍耐的智慧

自己的生活自己做主,如果遇事不能自己做主,就等于把决定权拱手让给了别人,一旦别人做出糟糕的决定,到时后悔的是自己。

099 下定决心，直到成功

哥伦布在他每天的航海日志上最后的一句总是写道："我们继续前进！"这句话看似平凡，实则包含着无比的信心和毅力。凭着这一股大无畏的精神，他们向着茫茫不可知的前方挺进，横跨惊涛骇浪，历经蛮荒野地，克服了无数的艰难险阻，终于发现了新大陆，完成了历史上惊人的壮举。

哥伦布说，正是他坚持再走3天，才使他发现了新大陆。也就是说，在即使最坚强的人都已打算返回的时候，他仍坚持再走3天，而正是在3天之后他看到了大陆。

面对自己的目标，重要的是不要灰心，不要放弃或停止脚步，也许你与自己的目标已近在咫尺。当格兰特身处夏伊洛的时候，他认为自己快要失败了，但他坚持了下来。就是这样的坚持，使他成为了那个时代最伟大的军事家。

咬住目标不放松是所有取得过伟大成就的人所具有的共同特征。他们也许缺乏其它优良的品质，也许有各种各样的怪癖、弱点，但是坚持不懈和勇往直前的品质在这些干事业的人身上是从来都不缺乏的。

无论遇到了或失去了什么，他们都会坚持下去，因为坚持是他本性的一部分。

一个记者问托马斯·爱迪生："你的发现是不是都出自直觉？是不是夜里醒来的时候，那些发现就突然出现在脑海里了？"

"不，那种投机取巧的事情我从来不做。"爱迪生回答，"除了照相术以外，我的每一项发明都与幸运之神无关。我一旦下定决心，知道应该往哪个方向努力，我就会勇往直前，一遍一遍地试验，直到最终成功为止。"

因为有了恒心与忍耐力，人们才能登上气候恶劣、云雾缭绕的阿尔卑斯山，才能在宽阔无边的大西洋上开辟通道。

你可以继续哭，但不可以在原地哭，即使哭着，我们仍要前进。

忍耐的智慧

你可以继续哭，但不可以在原地哭，即使哭着，我们仍要前进。

100 一个善于反省的人，是不可战胜的

李嘉诚在2006年4月，与30多位中国内地著名的企业家聚会时说："当我们梦想更大成功的时候，我们有没有更刻苦的准备？当我们梦想成为领袖的时候，我们有没有服务于人的谦恭？我们常常只希望改变别人，我们知道什么时候改变自己吗？当我们每天都在批评别人的时候，我们知道该怎样自我反省吗？"

20世纪90年代末的中国，是一个财富英雄的战国时代，一大批人迅速崛起，一大批人迅速倒下。巨人集团的史玉柱，三株集团的吴炳新，飞龙集团的姜伟，瀛海威的张树新，他们都在几年内经历了从闪亮登台到黯然谢幕的过程。在大起大落之中，我们看到与听到了他们略带伤感的"检讨"。他们有的在反省后重新站了起来，有的还走在东山再崛起的路上。

一个善于反省的人，是不可战胜的人；一个善于反省的民族，是一个强悍的民族。

所谓"反省"就是反过来省察自己，检讨自己的言行，看有没有需要改进的地方。因为每个人都不完美，总有个性上的缺陷或智慧上的不足，所以反省必不可少。年轻人缺乏社会阅历，常会说错话、做错事、得罪人。你所做的一切，有时候别人会提醒你，但绝大部分人是看到你做错事、说错话、得罪人时都不会说，因此我们必须用反省的方法去了解自己的所作所为。

一个人一旦有了不当的观念或做了对不起人的事，可能瞒得过任何人，但绝对骗不了自己。

人之所以会做错事，不单是外界的诱惑太大，更多的是自己的欲念太强，理智屈于本能的冲动。一个常常做自我反省的人，不仅能增强自己的反省能力，而且可以修正自己的行为和方向，使自己进步。很多伟人都有反省的习惯，因为惟有反省，人们才不会迷失，才不会做错事。

把反省当成每日的功课，它能修正我们做人处事的方法，让我们有更明确的方向，将事情做得更好。

忍耐的智慧

一个常常做自我反省的人，不仅能增强自己的反省能力，而且可以修正自己的行为和方向，使自己进步。

101

成功偏爱有准备的人

天下没有免费的午餐，世上也没有不劳而获的神话。机会与成功只留给那些有准备的人。

"世界上每一个人都有机会与幸运女神牵手，但是如果幸运女神发现这个人对她的到来毫无准备时，她就会从正门进来，然后消失在窗棂间。"这是一句古老的格言。

1927年，美国飞行家林白首次单独不着陆横越大西洋，应该是世界上最勇敢的事迹之一，当时林白25岁。

"幸运的林白，"新闻媒介这样称呼他，"他敢打赌而且赢了。"他们这样说。不！他的成功不是因为他走运，而是因为在冒险之前，他准备了自己，准备了飞机，而且是尽了最大努力。

为了这次飞行，林白做了为期几年的准备工作——训练自己，准备自己的飞机"圣路易精神号"。他从威斯康星大学退学出来学习飞行，加入了飞行训练队；他得到空军批准，可以在闲余时间进行飞行；他作为美国航空邮政飞行员在白天黑夜、晴天雨天都要飞行，行程多达几万英里；他曾遇到过险情，飞机被迫降在农田里；他学会修理飞机引擎并懂得每个零件的工作原理……

所以在他有了准备后，他才敢作敢为，他赢得了看起来是不可能的一搏。

事实上，我们也能这样做。

机会总是转瞬即逝，成功总是偏爱那些有准备的人。

我们通常都羡慕成功者得到的掌声和鲜花，但我们往往忽略了他们为了这一切所付出的辛勤劳动和汗水。没有一个人的成功是轻而易举的，几乎所有的成功者都为此付出了太多。有句话叫做"台上一分钟，台下十年功"，这句话充分说明了这个道理。然而我们有太多的人不能成功就是忽略了这一点，他们只想得到鲜花和掌声，却不想付出辛勤和努力，他们忽略了成功前应做的准备，哪怕真的有一天天上会掉下馅饼，他们才发现自己还没有盛馅饼的东西呢！

忍耐的智慧

成功总是偏爱那些有准备的人，它会以巨大的财富、显赫的地位或高度的名誉来奖励他们之前所做的努力。

102 别拿缺陷当你不成功的借口

中国有句古语："失之东隅，收之桑榆。"如果你觉得自己的相貌不佳，是一个"弱项"，那么，你完全可以"化不利为有利"，力争从才华、事业、财富等方面弥补自己的不足。读过伟人传记的人都知道，许许多多的伟人相貌并不是很好，甚至有严重的生理缺陷。他们也有人曾为自己的相貌或生理缺陷而苦恼，但是他们并没有因此背上沉重的包袱，沉陷于自卑的泥潭。相貌不佳或生理缺陷反倒激发了他们的奋斗精神，让他们全身心地投入到事业中去，最终创造了辉煌业绩，赢得了自信和别人的尊重。

杰克·韦尔奇从小就得了口吃症，而且似乎根除不掉。有时候因为口吃还引来不少笑话，这让韦尔奇难堪不已。他在自传中曾写道："在大学里的星期五，天主教徒是不准吃肉的，所以我经常点一份烤面包夹金枪鱼。不可避免地，女服务员准会给我端来双份而不是一份的三明治，因为她听我说的是'两份金枪鱼三明治'（tu - tunasandwiches 听起来像 two - tunasandwiches）。"略带口吃的毛病并没有阻碍韦尔奇的发展，而注意到这个弱点的人大都对他产生了某种敬意，因为他竟能克服这个障碍，在商界出类拔萃。美国全国广播公司新闻部总裁迈克尔对他十分敬佩，甚至开玩笑地说："他真有力量，真有效率，我恨不得自己也口吃。"

像历史上的亚历山大、拿破仑、纳尔逊、罗慕洛、晏婴、康德、贝多芬、济慈等著名人物，他们生来身材矮小，相貌上也"差人一等"，但是他们最终却成为伟大的军事家、外交家、哲学家、音乐家和诗人。他们的形象顶天立地，他们的英明流传千古。

美国杰出的学者戴尔·卡耐基说过："一种缺陷，如果生在一个庸人身上，他会把它看作是一个千载难逢的借口，竭力利用它来偷懒、求恕、懦弱。但如果生在一个有作为的人身上，他不仅会用种种方法来将它克服，还会利用它干出一番不平凡的事业来。"

人生的缺憾有其独特的意义，我们不能杜绝缺憾，但我们可以升华和超越缺憾，并且在缺憾的人生中追求完美。我们可以把缺憾当作我们追求某种目标的动力，如果我们能这样看，就不会为种种所谓的人生缺憾而耿耿于怀了。

忍耐的智慧

一种缺陷，如果生在一个庸人身上，他会把它看作是一个千载难逢的借口，竭力利用它来偷懒、求恕、懦弱。但如果生在一个有作为的人身上，他不仅会用种种方法来将它克服，还会利用它干出一番不平凡的事业来。

见好就收，是一种智慧的选择

有舞台经验的演员知道，对"再来一个"要有严格的节制，最好是在观众兴致正浓的时候就悄然退场，这叫做见好就收。因为台下的观众掌声热烈，就没完没了地"再来一个"，等到观众倒了胃口再收场，总会有点灰溜溜的感觉。

"见好就收"虽然是俗语与俗理，但却并非俗论。

"见好就收"这一俗语透射着哲理的光辉和对尺度冷静把握的坚毅。只知大杀大砍的乃是匹夫之勇，知道适时鸣金收兵的则是良将和智者。李逵任性地挥着两把板斧，不问青红皂白，只管排头砍杀过去，经常是自己也弄不清跑到哪儿了，非得由燕青、吴用等人大喝一声"黑厮，休要只顾杀人"，才能把他拉回到"正道"上来。

阿拉伯人应该算是很早就有了商品意识和商业行为的人，他们就深谙"见好就收"之道。在《阿里巴巴与四十大盗》中，念着"芝麻开门"的口诀，就能进入藏宝之洞，有的人适量地敛了财宝，既没眼发红、心发黑，也没脑袋发热，遵循了"见好就收"的原则，冷冷静静地出了洞，安安生生地过日子去了；有的人一进洞便利令智昏，怎么拿都嫌不够。口诀，哪还记得啊？门不开出不去，最后只能让强盗们回来给大卸了八块……

这不禁令人想到，如果让一些人进那个藏宝洞，不是为了拷问灵魂，而仅仅是做个测试，看看有多少人能像阿里巴巴那样平安出洞？

相反，那些见好就收的人才会笑到最后。中国历史上就不乏这种见好就收的政治家，他们没有一味地坚守自己的"阵地"，而是在自己最风光的时候选择了离开。李泌便是这样的一位。

李泌曾经与唐肃宗同榻而寝，简直情同手足。但李泌决意离唐肃宗而去时对他说："臣有五不可留：臣遇陛下太早，陛下任臣太重，宠臣太深，臣功太高，迹太奇。"李泌明白，倘若迷恋这一切而不想"收"，那么，事情就会悄悄地发生变化。周围的环境会变，信任会变成猜疑，宠幸会遭人妒忌；自己的心态也会变，功能使人变骄，权会使人变蛮，弄得不好就会身败名裂，以至于像李斯那样，想当平民百姓而不得。所以在许多人看来，李泌说的"五不可"，可能恰恰就是"五不可退"。

"见好就收"的可贵之处，就在于它能够摆脱直线思维。潮水有涨也有落，鲜花有开也有谢，掌声有起也有息，见好就收，就是对辩证法则和自然规律的清醒认识以及居安思危的明智选择，比起"不得已才收"，无疑更为从容，也具有更多的主动性。

忍耐的智慧

盛极必衰，物极必反。无论什么事物——自然也包括权势和名声，一旦到了顶峰，都会走下坡路。与其沉溺于胜利的喜悦，不如智慧地选择离开。

过于遥远的目标会让人失去激情

1984年，在东京国际马拉松邀请赛中，名不见经传的日本选手山田本一出人意料地夺得了世界冠军。当记者问他凭什么取得如此惊人的成绩时，他说了这么一句话："凭智慧战胜对手。"当然，不少人都认为这个偶然跑到前面的矮个子选手是在"故弄玄虚"。

10年以后，这个谜底终于被解开了。山田本一在他的《自传》中是这么写的："每次比赛之前，我都要乘车把比赛的路线仔细看一遍，并把沿途比较醒目的标志画下来。比如第一个标志是银行；第二个标志是一棵大树；第三个标志是一座红房子……这样一直画到赛程的终点。比赛开始后，我就以跑百米的速度，奋力地向第一个目标冲去，过了第一个目标后，我又以同样的速度向第二个目标冲去。起初，我不懂这样的道理，常常把我的目标定在40千米外的终点那面旗帜上，结果我跑到十几公里时就疲惫不堪了。我被前面那段遥远的路给吓倒了。"

山田本一的高明之处在于，他知道在自己与自己的目标之间，有一段很漫长的距离，这个距离会令他沮丧、烦躁，一旦他控制不住自己，就会跌倒在奔向目标的路上。因此，他将这些距离分为一小段一小段，以此坚定自己的信心，最终让自己更轻松地实现了目标。

在心理学中，这种方法有个专业名词——"香肠切割技术"。假如你买了一根香肠，你不可能一次就把整根香肠都吃完，于是你要把它切成薄片。做事情也是这样，当你遇到艰巨的任务时，由于达成目标过于困难，所以你一定要在心理惰性开始滋生前把大目标划分成几个小任务，而每一个小的任务所带来的新鲜感则会消灭并不强大的心理惰性，最终会把整件事情都做完。

美国著名作家赛瓦里德说："当我放弃我的工作而打算写一本25万字的书时，我从不让自己过多地考虑整个写作计划涉及的繁重劳动和巨大牺牲。我想的只是下一段，不是下一页，更不是下一章如何去写。整整6个月，我除了一段一段地开始外，我没想过其他方法。结果书自然就写成了。"

"循序渐进"的原则对赛瓦里德起了重要的作用，对你也会一样。

获取任何成功，都不是一蹴而就的事，都需要采取循序渐进的方法。许多人做事之所以会半途而废，并不是因为困难大，而是与目标的跨度较远，正是这种心理上的因素导致了失败。

把长距离分解成若干个距离段，逐一跨越它，就会轻松许多，而目标具体化可以让你清楚当前该做什么，怎样能做得更好。

忍耐的智慧

当你遇到艰巨的任务时，由于达成目标过于困难，所以你一定要在心理惰性开始滋生前把大目标划分成几个小任务，而每一个小的任务所带来的新鲜感则会消灭并不强大的心理惰性，最终会把整件事情都做完。

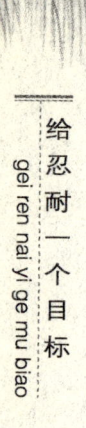

105 实际情况与理想的标准永远都不相符

有许多被动的人平庸一辈子，是因为他们一定要等到每一件事情都百分之百地有利、万无一失以后才做。当然，我们必须追求完美，但是任何事情没有一件绝对完美或接近完美。等到所有的条件都具备了以后才去做，只能永远等下去了。

第二次世界大战之后不久，席第先生进入美国邮政局的海关工作。他很喜欢他的工作，但5年之后，他对于工作上的种种限制、固定呆板的上下班时间、微薄的薪水以及靠年资升迁的死板人事制度（这使他升迁的机会很小），愈来愈不满。

后来，他产生了一个想法，他已经学到了许多贸易商所应具备的专业知识——这是他在海关工作耳濡目染的结果。为什么不早一点跳出来，自己做礼品玩具的生意呢？他认识许多贸易商，但他们对这一行许多细节的了解不见得比他多。

自从他有创业的打算以来，已过了10年，直到今天他依然规规矩矩地在海关上班。

为什么呢？因为他每一次准备搏一搏时，总有一些意外事件使他停止。例如，资金不够、经济不景气、新婴儿的诞生、对海关工作的一时留恋、贸易条款的各种限制以及许许多多数不完的借口，这些都是他一直拖拖拉拉的理由。

其实是他使自己成为一个——"被动的人"。他想等所有的条件都十全十美后再动手。由于实际情况与理想永远不能相符，所以只好一直拖下去了。他的理想也就成了空想。

成功者并不是在行动之前，先把障碍统统消除，而是在行动中一旦出现问题时，他们有勇气克服种种困难。我们对于一件事情的完美要求必须折衷一下，这样才不至于陷入行动以前永远等待的泥沼中。当然最好是有逢山开路、遇水架桥那种大无畏的精神。

忍耐的智慧

从来没有万事俱备的事情，也没有万无一失的计划。成功者并不是在行动之前，先把障碍统统消除，而是在行动中一旦出现问题时，他们有勇气克服种种困难。

幸运源于爱心的馈赠

里希纳的家靠近大海,村里祖祖辈辈都以打鱼为生。他从小跟随父亲出海,年纪不大就成了父亲的得力助手。可近来他却不务正业,迷上了打猎,简直无可救药,为这事他没少挨父亲的责备。

离村子不远有座小山,地势险要,人迹罕至,听老人讲山上常有野猪出没。要是能打到一只野猪该有多好啊。山上的野猪令他魂牵梦萦,他下定决心要去碰碰运气。

那天天还没亮,里希纳瞒着父亲悄悄起床,带上猎枪、绳索等工具就上山了。他仔细搜寻着,可连野猪的影子也没看到。太阳已爬得老高,父亲还等着他出海呢。他无奈地带着一身的疲惫和沮丧朝回家的方向走去。走到半山腰,隐约听到不远处传来微弱的叫声,像是野猪。他立刻兴奋起来,循着声音找去。

果然,一只小野猪陷在泥沼里,它已筋疲力尽,只剩下头部露在外面,陷在那儿不能动弹,根本无法逃脱,眼神里充满了绝望。真是个冒失鬼,竟然掉到泥沼里,这是意外收获,里希纳喜出望外,迅速举起猎枪对准了野猪。

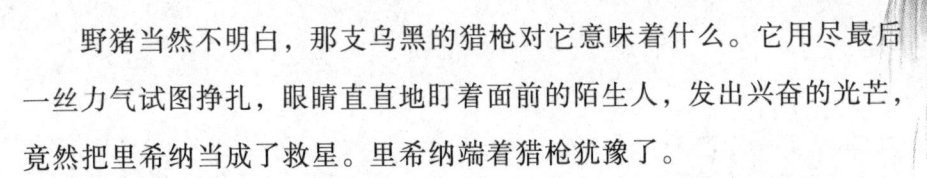

野猪当然不明白，那支乌黑的猎枪对它意味着什么。它用尽最后一丝力气试图挣扎，眼睛直直地盯着面前的陌生人，发出兴奋的光芒，竟然把里希纳当成了救星。里希纳端着猎枪犹豫了。

真是个小可怜！里希纳叹息着放下猎枪，转而想办法营救野猪。

要救野猪，首先得保证自身安全，如果不小心就会掉进泥沼。惟一的办法，就是用绳子套住野猪的脖子，拉它上来。里希纳抛下绳子，尝试了多次后，才好不容易套上了野猪的脖子，于是他小心翼翼地往上拉，在拉的过程中还要确保绳子不能拉得太紧，否则，野猪还没救上来就先被勒死了。但它不懂配合，套上去的绳子又滑下来。经过反复努力，里希纳终于把野猪救了上来，在不知不觉间两个小时已经过去了。里希纳浑身沾满污泥，坐在地上大口喘气，开始思索如何应付父亲的责罚。

突然，远处传来轰隆巨响，天崩地裂一般。回头望去，十几米高的巨浪冲上海岸，铺天盖地而来，山下的村庄瞬间被吞噬。看着眼前发生的一切，里希纳惊恐万分，不停地颤抖着。

举世震惊的印度洋海啸中，他是全村惟一的幸存者。

这是个真实的故事，里希纳住在印尼苏门答腊岛的班达亚齐。他原本带着猎枪去打野猪的，却为了救野猪耽搁了下山的时间，幸运地逃过了灭顶之灾。究竟是人救了动物，还是动物救了人，很难说清。里希纳大难不死实属巧合，可如果不救野猪，巧合会发生吗？

忍耐的智慧

佛家讲"种善因，结善果"。在你帮助别人的时候，其实也是在帮助你自己。

107 能承担多大的责任，方能成就多大的事业

2005年评选的感动中国十大人物中，有一位年轻人，他12岁起就用瘦弱的肩膀撑起了一个家。11年来，他一边读书一边克服难以想像的困难，照看时常发病的父亲，抚养捡到的妹妹。这期间，他也曾经动摇，也曾经想到逃避，但一种责任最终让他"只是默默地走，不愿放弃"。他就是洪战辉——湖南怀化学院的一名"带着妹妹上大学"的普通大学生。

然而，就在他的事迹被媒体铺天盖地地报道的时候，他冷静地发表了一封《致新华网网友的公开信》，在信中他这样写道："我不接受捐款，苦难和痛苦的经历并不是我接受一切捐助的资本！我现在已经具备了生存和发展的能力！"还有一段是这样写的："普通人做普通的事，尽自己应该尽的责任，这有什么奇怪的。要奇怪的应该是现在一些普通人不去做或者不愿去做或者是不敢去做普通事，要么是不去尽、不愿尽、不敢去尽作为一个人应该尽的一点责任。做人应该有责任心，能承担多大的责任，方能成就多大的事业，我认为就是这个道理。"

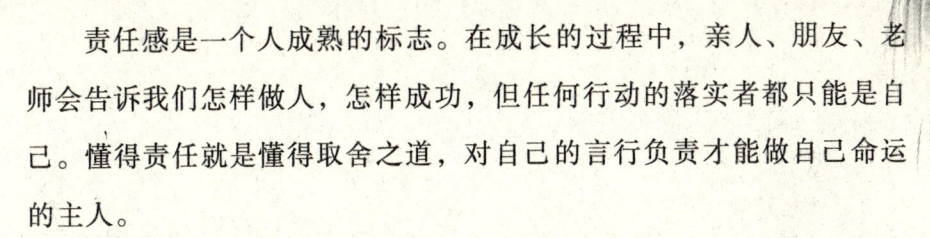

责任感是一个人成熟的标志。在成长的过程中，亲人、朋友、老师会告诉我们怎样做人，怎样成功，但任何行动的落实者都只能是自己。懂得责任就是懂得取舍之道，对自己的言行负责才能做自己命运的主人。

在我们权衡利弊的时候，虽然总是选择对自己有利的条件，但却忽视了自己应负的责任，甚至为追求"利"而违背了责任。当我们违背了自己的责任，再有利的条件也只会让我们最终以失败结束人生。即使"进"了，实际上我们却"退"得更远。

忍耐的智慧

懂得责任就是懂得取舍之道，对自己的言行负责才能做自己命运的主人。

108 利用好每一点点时间，就是对生命的经营

瓦尔达特，曾是美国近代诗人、小说家爱斯金的钢琴教师。有一天，他给爱斯金教课的时候，忽然问爱斯金："你每天要花多少时间练习钢琴？"

爱斯金说："大约三四个小时。"

"你每次练习，时间都很长吗？是不是有个把钟头的时间？"

"是的，我想这样才好。"

"不，不要这样！"瓦尔达特说，"你将来长大以后，每天不会有长时间的空闲的，你可以养成习惯，一有空闲就几分钟几分钟地练习。比如在你上学以前，或在午饭以后，或在工作的休息空闲，5分钟、5分钟地去练习。把小的练习时间分散在一天里面，如此弹钢琴就成了你日常生活的一部分了。"

14岁的爱斯金对瓦尔达特的忠告未加在意，但后来回想起来真是至理名言，其后他得到了巨大的收益。

当爱斯金在大学教书的时候，他想兼职从事创作。可是上课、看

卷子、开会等事情把他白天和晚上的时间完全占满了。差不多有两年多，他一字不曾动笔，他的理由是"没有时间"。后来，他突然想起了瓦尔达特告诉他的话。到了下一星期，他就按瓦尔达特的话实验起来。只要有5分钟左右的空闲时间，他就坐下来写作，哪怕100字或短短的几行。

出乎意料，在那个周末，爱斯金竟写出了相当多的稿子。后来，他用同样积少成多的方法创作了长篇小说，同时还练习钢琴。他发现每天小小的间歇时间，足够他用来从事创作与弹琴两项工作。

利用时间有一个诀窍，那就是迅速地进行工作。如果只有5分钟的时间给你写作，你切不可把4分钟消磨在咬你的铅笔头上。思想上事前要有所准备，到工作时间来临的时候，立刻把心神集中在工作上。这根本不像一般人所想像的那样困难。

时间是每个人与生俱来的一笔财富，而善于掌握和运用这笔财富，则是一种对生命的经营。曾经有一位著名的运动员在接受采访时，被问及成功的秘诀时回答说，在她的概念里，生命就是由很多个一分钟组成的。所以她对待每一分钟，都像对待自己的生命一样。的确，节约点滴时间，正是许多人成功的秘诀。不积小流，无以成江海。在别人放过那些微小的时间沙粒的同时，勤奋者却把它们一一拾起，用这笔财富进行了一项项技能投资，充实和完善着自己。

忍耐的智慧

时间就像海绵里的水，只要愿意挤，总还是有的。

109

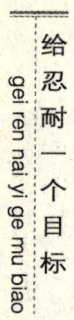

你的人生是由你自己决定的

如果你没有意识到最好的答案来自自己，你肯定会从其他地方寻找答案。我们如同麋鹿，翻山越岭只为寻找令人陶醉的香味，结果却发现，迷人的香气是从自己身上发出来的。佛经问道："如果不从自身寻找，还能去哪里寻找？"

在电视片《北方之行》中有一个小片断，一个名叫雪莉的年轻妇女收到一封来信，称如果3天内她把这封信寄给朋友，好运就会到来。这个妇女决定试一试，在当地的杂货店兼邮政局，她把信寄了出去。很快，雪莉开始收到钱，与男人们会面，享受着长期以来梦想的成功。她欣喜若狂，这封信真起作用啦！一个星期后，雪莉来到杂货店，店员拿着一封没有寄出去的信，对她说："我一直在等你来，你的信必须再多贴些邮票。"雪莉呆呆地站在那儿，她意识到一连串的好运不是连锁信件带来的，而是她自己创造的。最后，她总结说："我想我已经掌握了自己的人生。"

我们也是如此。你的人生不是星座、数字、遗传、环境、政治或经济条件决定的，你的人生是由你自己决定的。外部因素对你的人生有影响，但内部因素则起着决定性作用。

有个名叫亨利的美国青年，他对自己的身世一无所知，他已经30多岁了，却依然一事无成，整天只会坐在办公室里唉声叹气。

有一天，他的一位好友兴高采烈地找到他："亨利，我看到一份杂志，上面有一篇文章，讲的是拿破仑的一个私生子流落到美国，而他的特征几乎和你一样：个子很矮，讲的是一口带有法国口音的英语……"亨利半信半疑，但是他愿意相信这是事实。在他拿起那份杂志琢磨半天之后，他终于相信自己就是拿破仑的孙子。之后，他对自己的看法竟完全改变了，以前，他自卑自己个子矮小，而现在他欣赏自己的正是这一点：个子矮有什么关系！当年我爷爷就是以这个形象指挥千军万马的；他总认为自己英语讲不好，而今他以讲一口带有法国口音的英语而自豪。每当遇到困难时，他总是这样对自己说："在拿破仑的字典里没有'难'这个字！"就这样，凭着自己是拿破仑孙子的信念，他克服了一个又一个困难，仅仅3年，他便成为一家大公司的总裁。

后来，他派人调查自己的身世，却得到了相反的结论，然而他说："现在，我是不是拿破仑的孙子已经不重要了，重要的是，我懂得了一个成功的秘诀，那就是：当我相信时，它就会发生！"

忍耐的智慧

外部因素对你的人生有影响，但内部因素则起着决定性作用。

110

四处出击，不如逐个击破

春秋时期，楚国有个擅长射箭的人叫养叔，他能在百步之外射中树枝上的叶子，并且百发百中。楚王羡慕养叔的射箭本领，就请养叔来教他射箭，养叔便把射箭的技艺悉数相授。

楚王兴致勃勃地练习了好一阵子，渐渐能得心应手了，就邀请养叔和他一起到野外去打猎。打猎开始了，楚王叫人把躲在芦苇丛中的野鸭子赶出来。野鸭被惊扰后振翅飞出，楚王弯弓搭箭，正要射时，猛然间从他的左边跳出一只山羊。

楚王心想，一箭射死山羊可比一箭射中一只鸭子划算多了！于是他把箭对准了山羊。可此时，旁边又跳出一只梅花鹿，楚王觉得射梅花鹿更好一些，于是便放弃了山羊。他刚想拉弓，谁知林中又飞出一只苍鹰。楚王觉得还是射苍鹰好，可是当他刚要瞄准苍鹰时，苍鹰已迅速地飞走了。楚王只好回头去找梅花鹿，可是梅花鹿已经逃走了。再回头找山羊时，山羊早就没了踪影。楚王拿着弓箭比划半天，结果什么也没有射着。

养叔在一旁看得真切，于是他对楚王说："要想射得准，就必须有专一的目标，不应三心二意。在百步以外放十片树叶，要是我将注意力集中在一片树叶上，我能射十次中十次；要是我拿不定主意，十片都想射，就没有把握能射中了。"

歌德曾这样告诫他的学生："一个人不能骑两匹马，骑上这匹，就要丢掉那匹，聪明人会把凡是分散精力的事情置之度外，只专心致志地去学一门，而且学一门就一定会把它学好。"人的时间精力是有限的，不可能什么都学，什么都精。而专攻一点，我们的成功就有极大的可能性。

有位商业奇才，他大学毕业后就去做生意，而且几乎没有亏过本，这使得他对自己非常自信。他投资多元化，股票、房地产、文化事业，他见什么就投资什么。后来，他不断接到投资失利的消息，资产亏损严重。

冷静思考后，他发现，自己的创业目标太分散了，根本没精力去顾及这些行业。于是，他调转"车头"，重新做起自己最拿手的行业。由于做事认真，没过几年，人们又看见了那个曾经叱咤风云的商业奇才。

一个人的目标不能太散，集中的目标对人生才有意义。不要试图做好所有的事，即使你做不好9件事情，只要做好一件，你的人生就是成功的。

忍耐的智慧

一个人同时有多个目标的话，必定会在不同的目标中选来择去，到头来必定一事无成。要成功，一次只能选定一个目标，咬住不放，锲而不舍。再冷的石头，坐上三年也会暖。

不受第二次伤害

生活中，不少人都死死揪着已经生成的伤疤不放，即便它已过去。而我们多"怀念"它一次，它就会再伤害我们一次。一个伤疤的痊愈要多久？其实完全取决于我们自己看待它的态度。

也许我们中的很多人都有过这样的经历，当阅读一封曾经早已放入柜中的旧信时，会引起你一段痛苦的回忆，这可能会使你早已愈合的伤口重新开裂。

有一位中年妇女，她仍然珍藏着少女时期热恋的一个男子写给她的信件。在信中，这位旧恋人认为她毫无价值，并且还无礼地对待她，羞辱她。这些信被她用一根丝带捆扎起来，与她那些珍贵的首饰放在一起。每当她取出信来阅读时，总会伤心地哭上一阵子。

对我们来说，很多精美的纪念品会让正在愈合或已经愈合的伤口重新裂开，并在我们的意识中重新唤起那些本该彻底忘记的场合与经历，这对我们是百害而无一利的。为什么我们要去给自己的伤口上撒盐，让自己的旧伤再次复发，而使自己再次感到疼痛呢？

很多女孩长久以来都珍藏着情人写给她们的信件。但事实上，那些人根本就是感情上的叛徒，曾经无情地抛弃了她们。她们的做法是多么的愚蠢啊！对于那些曾使我们深受伤害的事，对那些在过去使我们饱受折磨的事，对那些让我们深感苦恼、颜面全无并羞辱我们的错误，我们只需要做一件事情，就是迅速而彻底地遗忘它们，把它们从我们的脑海深处永远地驱逐扔掉，将那些容易让自己已经愈合的伤口再次开裂的纪念品悉数抛弃，把它们从我们的家中、视线中，从我们所及的范围中清除掉。记住，永远不要保留任何会使你再次受到折磨和让你旧伤复发的东西。

人们常说一句话"好了伤疤忘了疼"，是对那些善忘者的讽刺挖苦。殊不知，这正是自我保护的一种有效方式。在我们的一生中，凡是次要的、破碎的，都应该忘记。

我们应当从记忆中抹去一切使我们消沉、痛苦、讨厌的事情，只有把这些放下了，忘记了，我们才能重新开始人生。所以，对于那些痛苦的经历，唯一值得去做的，就是彻底地埋藏它。每个人都应该把忘掉令人不愉快的人或事视作一条人生的规则。

整日想着那些不幸的经历和曾经错误的过去，只会越来越加剧自己的伤痛，经常翻阅那些痛苦的记忆，只会让你对未来的看法越来越厚重、黑暗，越来越害怕。

忘掉它们，把它们从记忆中逐出，就像把一个盗贼从自己家里逐出一样。

忍耐的智慧

如果我们曾深受伤害，那么就不要重温往事，否则，你就会再一次经受痛苦的折磨；如果我们死死抓住那些令人伤痛的记忆不放，那么，我们便会永远拥有一颗脆弱的心。

112

行善的目的不是为了让人感恩

我们会把自己的心理投射到与我们发生联系的人身上。当我们对别人作出一个友好的行动，对别人表示接纳以后，我们也希望别人作出相同的回应。如果别人的回应不符合我们的期望，我们往往会认为别人不通情理，认为对方不值得我们报以友好，从而对对方产生一种不愉快的情感体验，产生排斥对方的情绪。

一位著名的人际关系心理学家在作报告时举了一个经常发生在我们身边的例子。一次，他到某办公楼去，当他推开办公楼的大门走出来时，发现迎面有一个人正想进去。于是，他就撑住玻璃门，让那个人进去，以免有弹簧的门反弹回来伤人。结果，那位仁兄昂首挺胸，大摇大摆地走了进去，连瞟都没瞟一眼为他撑门的人，更不用说谢谢了。这位心理学家形容他自己当时的心理："恨不得马上松开手，将门狠狠地砸到那个人的背上。"所有听报告的人都为他喝彩。可见，人人都有相似的心情。

一名消防人员在酒吧里向朋友这样感叹自己的命运："有一天，我帮一户人家灭火，救了屋里两条狗，你以为有谁记得这件事？还有一次，我跟同事为了保护一座老教堂免遭焚毁，吸进了大量的浓烟，事后也没人提过这回事。我还冒着生命危险冲进一栋失火住宅，救出两个小孩，谁又记得这档事？当然没半个人。可是，有一回别人看到我对着市长家那只乱叫个不停的狗又骂又踢时，就……"

善行常被遗忘，恶行总被记得。虽然这样，但人们不能停止行善，因为"遗忘"和"记住"只是受到了人们的情绪影响，根本不代表"行善"就是不重要的，或者，行善之人就总是要被遗忘的。况且，"行善"的关键之处就在于：不渴求你所救助的人记住你。

一次，林肯与人一起乘坐马车进城，在经过一条小河时，大家看见有一头驴在水中挣扎，随时都会被淹没。别人都对此视而不见，唯独林肯要求马车停下来，他走下马车，脱去外套，卷起裤腿，走到河中央将那头驴拖上岸来，然后请车夫继续赶路。车上的人都很诧异地望着他，一位同行人禁不住好奇，问林肯："请问先生，你为什么要把那头驴拖上岸来？"

"如果不把那头驴拖上岸来，我的心一天都不会安宁。"林肯回答说，"我这样做，不仅是为了拯救那头可怜的驴，也是为了使我自己的良心获得平静。"

帮助别人，与其说是助人为乐，倒不如说是使自己开心。因为我们每次助人都有双重的回报，一是别人的感谢和赞扬，二是自我的满足。这样的人一般心理很健康，他们愿意帮助人，所以他们不会在乎别人是否有善意的回报。

忍耐的智慧

行善的目的不是为了让人感恩，不是为了让你所救助的人记住你，它是在你不求任何回报的前提下所表现出的一种品质。

113

杂念太多会让努力偏离方向

汉城奥运会上,3位颇具天赋的女孩让韩国射箭队教练信心十足。以最好成绩计算,她们的排名都在世界前10名之列。换句话说,只要正常发挥,女子射箭金牌铁定落入她们囊中。

紧张的比赛开始了,令教练大为意外的是:第一名队员在首轮即遭淘汰,她的成绩非常糟糕,连平时的训练水平都没有达到。

决赛刚刚过半,另一名队员的成绩也开始不稳定,显然拿不到冠军了。教练把目光投向了最后一名选手,只见她异常沉着老练,几乎每支箭都命中靶心,最后如愿以偿地摘取了金牌,她就是韩国人公认的"神箭手"金水宁。

事后,教练问第一位弟子失败的原因,她说,从比赛开始她就想"保",因为只要发挥正常的水平,她就可以遥遥领先,可惜,她失败了;第二位弟子说,当她射出糟糕的一箭后,她很想"追",以力保金牌,可惜,也失败了;问到金水宁时,金水宁平静地说:"我眼中只有靶心,连箭都看不见了。"

16年后的雅典奥运会,这位老将复出,担当了国家队的核心,她

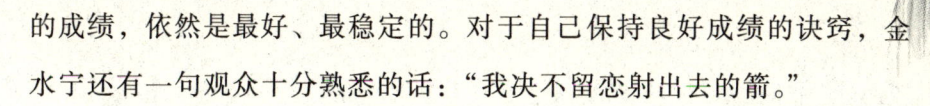

的成绩，依然是最好、最稳定的。对于自己保持良好成绩的诀窍，金水宁还有一句观众十分熟悉的话："我决不留恋射出去的箭。"

谁都想获得成功，可心中太多的杂念会让努力偏离方向。关键时刻，把问题想得轻松一点，有助于摒除心中的杂念，距离成功也就会更进一步。

忍耐的智慧

如果你总是对过去的失败耿耿于怀，那么你就不会集中精力，全力以赴地去争取下一个胜利。

114 有目标的人会更健康

有研究表明，疾病的发生，不仅仅是身体的器官出了问题，也与是否有人生目标密切相关。

美国科学家对诱发心脏病的因素进行了调查研究，发现了导致心脏病的最重要因素不是胆固醇，不是肥胖症，也不是缺乏锻炼，而是对工作的不满，特别是缺少人生的目标。日本的医学家也曾做过一个对照研究，他们用了7年的时间，对4.3万名年龄在40～79岁之间的公民进行跟踪调查。在这些人中，60%的人有着明确的生活目标，5%的人承认没有目标，其余的人则没有明确地回答。调查结果表明，那些目标不清晰或承认没有生活目标的人，患病的概率要比有生活目标的人高很多，平均寿命也要短一些。

一位对百岁以上的老人的共同特点做过大量研究的医生对大家说，研究前他以为影响寿命的是食物、运动、节制烟酒以及其他会影响健康的东西。然而，令他惊讶的是，这些寿星在饮食和运动方面没有什么共同特点。他们的共同特点是对待未来的态度——他们都有人生目标。

这个结果其实不难理解，看看我们身边的老人，尤其是退休后的老人，很快就能找到答案。我们可以把身边的老人分为两类：一类老人退休后，仍不闲着，而是拼命地找事干，像上老年大学、学书法、学画画、打门球、唱歌跳舞、养花遛鸟、看门收发等等，让人觉得比不退休还忙呢！另一类老人早就盼着退休后享清闲，他们认为忙活了大半辈子，终于可以歇一歇了，喘口气了。过几年再来看这两类老人，前一类，情绪稳定，精神焕发，有"越活越年轻"之迹象；后一类则"垮"得很快，变得苍老、憔悴、脾气古怪、易怒、小气、脆弱，大有日薄西山之相。他们盼望已久的"靠退休工资享清福"的愿望，早已变得索然无味。而两者之间的区别仅仅是，前一类有明确的目标，而后一类缺乏明确的目标。

有了目标，内心的力量才会找到方向，满腔的热血、能量才有着落，才有责任、使命、荣誉，甚至"健康"……

忍耐的智慧

人生在世，最紧要的不是我们所处的位置，而是我们活动的出口——也就是我们的人生目标。

115

少接触消极的人，多跟成功的人在一起

如果你身边尽是些消极的人，你也很难成为一个积极的人；如果你老是和那些混日子的人在一起，那你就不可能成为一个勤奋的人。有位年轻人，刚刚调到一个事业单位，工作热情很高，每天提前半小时上班，主动地打扫办公室的卫生。两个月后，他发现别人都是"八点上班九点到，一杯茶水一张报"。他想，我凭什么要工作得比别人辛苦？他受周围环境的影响，一年后也变成一个"油缸倒了也不扶"的人。

不少人对自己身上发生的这种改变却熟视无睹，因为我们每个人都生活在一个群体里，稍不留神，就会受到他人的不良影响，人受到这种影响有时就像一个受他人控制的被催眠者，身不由己。催眠师用催眠的方法能让一个足球运动员的腿抬不起来，也能让一个举重冠军无法举起桌子上的铅笔。催眠师凭的不是什么"法术"，也并未削弱足球运动员和举重运动员的丝毫力量，只是利用他们在受到催眠的状态下，向他们灌输了否定意识。他不断地说："你根本无法做到。"这

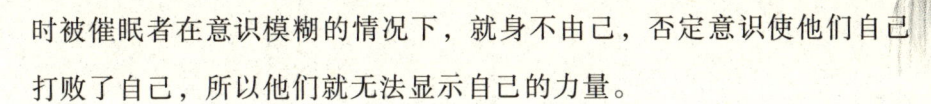

时被催眠者在意识模糊的情况下，就身不由己，否定意识使他们自己打败了自己，所以他们就无法显示自己的力量。

美国伟大的作家马克·吐温跟一群年轻人说："远离那些要减少你成功的人。"他还说："那些真正伟大的人会使你觉得你也可以变得伟大。如果你要成功，少接触消极的人，多跟成功的人在一起。"

远离那些消极、怯懦的人，他们只会给你带来负面的效应。

不管你的名声多么完美，它除了根据你所说的或是你所做的事来加以评判以外，你所交的朋友也会影响他人对你的评价。

要跟胜利者、头号人物交往，而避免与输家和消极者纠缠在一起。因为他们常常在潜移默化地影响着你。

如果你想成功，要与成功的人交往，和他们成为朋友。你接触什么样的人，你就会有什么样的思想，你有什么样的思想，就会有什么样的行为，有什么样的行为就会有什么样的结果。在每个人的一生中，朋友会产生非常重要的影响。所以，去找寻一些比你更优秀的人交朋友，这些人决定了你的文化品位与层次。

交一群良师益友，你的一生将是积极的、精彩的；交一群吃喝玩乐、不务正业的朋友，你的一生将不会有多大出息。

忍耐的智慧

远离那些要减少你成功的人，那些真正伟大的人会使你觉得你也可以变得伟大。如果你要成功，少接触消极的人，多跟成功的人在一起。

116

只有自己才能拯救自己

无论是什么人,都不要产生依靠别人的想法,因为任何人都不可能永远地帮助你。如果你想不出一分力而安享其成的话,是不可能的。因为你不曾自己帮自己,而只是像一个懦夫一般地接受别人的帮助。久而久之,任何人都会瞧不起你,到那时,他们就会像扔废物一样抛弃你。所以,这世上惟一可靠的和长久的防卫之道,就是依靠你自己,依靠你自己的勇敢和才能。

我们要依靠自己取得成功,同时也要依靠自己战胜失败和挫折。时刻都要摆脱这样的想法,假如你做了一顿糟糕的饭菜,你不会愚蠢到认为上天会使它变得美味可口吧,你能做的就是把它倒进垃圾桶再重新做一顿。同样的,如果你多年以来一直在丧失理性的状况中过着荒谬的日子,就别指望神灵会帮助和引导一切使你走向美好。

把获得拯救和幸福的希望寄托在并非个人力量的某种东西上,这可能是最使人意志松懈的想法了。完全放弃自己的努力而请求上帝或别人来使你摆脱恶劣的处境,没有什么比这更为荒谬可笑了。人只能依靠自己的努力来摆脱和克服困难挫折,只有达到这种程度,人的处

境才会得到改善。

记住，一切都靠自己，无论多么牢靠的东西总有一天会变得不牢靠，你不能指望依靠别人过一生。

只有抛弃每一根拐杖，破釜沉舟，依靠自己，才能赢得最后的胜利。自立是打开成功之门的钥匙，自立也是力量的源泉。

一家大公司的老板最近说，他准备让自己的儿子先到另一家企业里工作，让他在那里锻炼锻炼，吃吃苦头。他不想让儿子一开始就和自己在一起，因为他担心儿子会总是依赖他，指望他的帮助。

在父亲的溺爱和庇护下的孩子很少会有出息。只有自立精神才能给人以力量，只有依靠自己才能培养成就感和做事能力。

把孩子放在可以依靠父亲或是可以指望帮助的地方是非常危险的做法。在一个可以触到底的浅水处是无法学会游泳的，而在一个很深的水域里，孩子会学得更快更好。当他无后路可退时，他就会安全地抵达河岸。依赖性强、好逸恶劳是人的天性。而只有"迫不得已"的形势才能激发出我们身上最大的潜力。

忍耐的智慧

一切都靠自己，无论多么牢靠的东西总有一天会变得不牢靠，你不能指望依靠别人过一生。

117 为了得到更多,我们需要忍耐

心理学家瓦特米伽尔,在1960年进行了一个著名的试验,测试对象是斯坦福大学附属幼稚园的孩子。

他让孩子们待在一个没有任何限制的房间里,并在桌子上摆上一盒诱人的糖果,告诉他们,如果他们能等一会儿再吃,就可以得到两块糖果;如果立刻就吃呢,只能得到一块糖果。这个实验对贪吃的孩子们来说,实在有些残忍。但正是这样一个有些残忍的过程,才能体现出孩子们的克制冲动的能力。

这个试验的目的就是要测试孩子们克制冲动和欲望的能力,培养孩子们的沉着力和克制力。

这个实验有3种结果:一种是可以耐心地等上一会,然后获得两块糖果;一种是很着急,但是也能靠自己的克制力坚持到最后,也可以得到两块糖果;另一种是马上冲过去把那块诱人的糖果"消灭"。

这个测试一直追踪到这些孩子中学毕业。

当这些孩子成长到青少年时期,试验的结果就逐渐明朗,他们在情绪控制以及社会适应方面的能力差异很明显:前两种反应的孩子适

应能力较强，控制力较好，在压力、诱惑面前能保持冷静，在对一些人和事的判断上能够做到客观、实际；而第三种反应的孩子却缺少此类特质，他们表现得很冲动，遇到压力容易退缩，遇到紧急情况会有一些负面的情绪反应。因易怒而容易和人产生冲突，并且有和小时候一样不易克制立即采取行动的冲动。

在人生的路途中，总是有人在利用各种场合和机会对你施加影响，试图改变你的生活。一旦你经不起诱惑，一旦你伸出了贪婪的触角，很有可能一个温馨舒适的家就会从此妻离子散；很有可能一个很有发展潜力的企业就会从此销声匿迹；很有可能一个很有发展前途的人就会从此一蹶不振。

真正的成功者都是把才能置于自制之下的，无论是好运还是厄运，不管是在顺境还是逆境，他都能很好地控制自己，他都能拒诱惑于千里之外，他总会紧紧抓住自己的目标，坚持不懈地去追求。一个无法学会自制的人，不管他的才智有多高，不管他的条件有多么优越，他总是会受到情绪和环境的控制，他总是会受到其它因素的诱惑。直面敌人，他无法勇敢作战；直面竞争对手，他无心恋战。那些不为眼前利益所动，能够推迟享受，坚持把最重要的事做好，并能忍得住寂寞的人，总是会得到最多最好的奖励。

忍耐的智慧

忍耐是一种智慧的等待，只有克制住自己的欲望，才能有更大的收获，即使这是一个痛苦的过程。

给忍耐一个目标
gei ren nai yi ge mu biao

118

别让自己活的太累

我们每个人绝不可能孤立地生活在这个世界上，很多的知识和信息来自别人的教育和环境的影响，但你怎样接受、理解和加工、组合，是属于你个人的事情，这一切都要独立自主地去看待，去选择。谁是最高仲裁者？不是别人，而是你自己！歌德说："每个人都应该坚持走为自己开辟的道路，不被流言所吓倒，不受他人的观点所牵制。"让人人都对自己满意，这是不切实际的，应当放弃这样的想法。

有一个画家刚画好几幅画，便请了几个朋友来评点。这几幅画当中，有一幅画是画家自己最珍爱的。几个朋友看过之后，便开始议论起来。不料画家自己最不满意的一幅画受到大家的一致好评，而他所珍爱的那一幅画却被认为华而不实，非常不好。画家听着，越来越生气，最后甚至骂骂咧咧地把朋友们都赶走了。

我们周围的世界是错综复杂的，我们所面对的人和事总是多方面、多角度、多层次的。我们每个人都生活在自己所感知的经验现实中，别人对你的看法大多有其一定的原因和道理，但不可能完全反映你的本来面目和真实形象。别人对你的态度或许是多棱镜，甚至有可能是让你扭曲变形的哈哈镜，你怎么能期望让人人都满意呢？

如果你期望人人都对你看着顺眼，感到满意，你必然会要求自己面面俱到。不论你怎么认真努力，去尽量适应他人，就能做得完美无缺，让人人都满意吗？显然不可能！这种不切合实际的期望，只会让你背上一个沉重的包袱，顾虑重重，活得太累。

只要看看西方的大选就够了：即使获胜者的选票占多数，但也还有40%之多的人投了反对票。因此，对一般的常人来讲，不管你什么时候提出什么意见，都会有50%的人可能提出反对意见，这是一件十分正常的事情。

我们无法改变别人的看法，能改变的仅是我们自己。想要讨好每个人是愚蠢的，也是没有必要的。与其把精力花在一味地去献媚别人，无时无刻地去顺从别人，还不如把主要精力放在踏踏实实做人、兢兢业业做事、刻苦学习上。改变别人的看法总是艰难的，改变自己却是容易的。

忍耐的智慧

为了让所有人对自己都满意，你会尽量去迎合别人的想法，满足别人的要求，但人又是千差万别的，你怎能做得好，又怎能做得到呢？

太多的选择反而让你无所适从

　　一位年轻的美国女子，在牛津大学靠奖学金攻读学位，她已经在其它的两座高等学府拿到了学位。她曾经作为律师和社会工作者工作过一个时期，她同时还学过功夫，被授予功夫等级的黑腰带。然而，在牛津大学的学业即将结束时，她感到最大的困扰是今后该做什么。

　　她的问题不是一个小事。她无法决定她是应该去从事公司律师或企业管理顾问赚更多钱呢，还是应该去献身于慈善事业，帮助那些生活条件极差的遭到无数打击的妇女们，或者去好莱坞，在功夫片中当一名替身演员。她要对这些机会进行认真的、甚至是不情愿的反复考虑和选择。她好像是在抱怨自己的天资、机遇和自由。仿佛世界对她待遇不公，在迫使她做出这样艰难的选择。

　　她的例子颇具代表性。特别在高学历的年轻人中，已经形成一种对什么都不满的现象。这种现象似乎越来越严重，特别在他们二十多岁，或刚过三十岁的时候。

　　这种失意情绪不是因为他们缺乏机遇，而是因为他们接受了良好的教育，认为自己"可以做任何事情、从事任何职业"的矛盾心理作

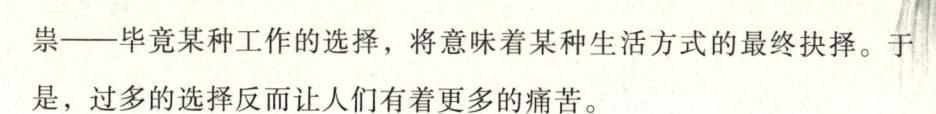

崇——毕竟某种工作的选择，将意味着某种生活方式的最终抉择。于是，过多的选择反而让人们有着更多的痛苦。

所有人都希望能遇到很多机会。有机会好，有更多机会更好，似乎成为我们的共识。可是，美国斯坦福大学和哥伦比亚大学最近做出一项很有意义的试验结果表明，在每一个人面前，机会越多，反而会造成严重的负面结果。

第一次试验是由美国斯坦福大学一位教授指导的。他首先让一组10个人在6种巧克力面前选择自己喜欢的巧克力，然后他又让另一组10个人在36种巧克力面前选择自己喜欢的。当教授问两个小组满意度的时候，让教授感到特别意外：后一组居然都不满意自己的选择，认为自己应该多选择，为没有找到理想的巧克力而后悔。

通过这一实验表明，有太多的选择机会和太多的目标，很容易让我们对自己的选择持怀疑态度。因为在你的面前有很多的机会，你可能踌躇了。

所以当你的面前只有一条路时，或许你会很坚定地走下去，最终达到了目的地。

但当你有很多机会时，或许你会与成功失之交臂，因为你在很多时间里是犹豫的，而机会经常在犹豫中失掉。

忍耐的智慧

当你有很多机会时，或许你会与成功失之交臂，因为你在很多时间里是犹豫的，而机会经常在犹豫中失掉。

120

新生活是从确定目标开始的

在非洲撒哈拉沙漠中有一个叫比塞尔的村庄,村庄紧邻一块1.5平方公里的绿洲,从这里走出沙漠一般需要三昼夜的时间。可是在肯·莱文1926年发现它之前,这儿的人没有一个走出过大沙漠。为什么世世代代的比塞尔人始终走不出那片沙漠?原来比塞尔人一直不认识北斗星,没有方向的他们只能凭感觉向前走。然而,在一望无际的沙漠中,一个人若是没有固定方向的指引,他会走出许许多多大小不一的圆圈,最终回到他起步的地方。但是自从肯·莱文发现这个村庄之后,他便把识别北斗星的方法教给了当地的居民,比塞尔人也相继走出了他们世代居住的沙漠。如今的比塞尔已经成了一个旅游胜地,每一个到达比塞尔的人都会发现一座纪念碑,碑上刻着一行醒目的大字:"新生活是从选定方向开始的。"

目标的意义不仅仅是目标本身,它更是我们行动的依据,信念的基础,力量的源泉,专注的核心,追求的境界。

一个人要想成就一番事业,就应该有一个明确的奋斗方向。沙漠中没有方向的人只能徒劳地转着一个又一个圈子,生活中没目标的人只能无聊地重复着自己平庸的生活。对沙漠中的人来说，新生活是从选定方向开始的；而对现实中的人来说，新生活是从确定目标开始的。

西点军校的教材里有这样一个故事：一支远征军正在穿过一片茫茫雪域，突然，一个士兵痛苦地捂住双眼："不好了，我的眼睛什么也看不见了！"没过多久，几乎所有的士兵都患上了雪盲症。

这件事引起了人们的广泛关注，许多研究机构都对此进行了解释。然而，后来被检验正确的却是：茫茫的雪域中，眼睛没有其他的落点，不停地搜索目标，导致过度紧张而失明。后来，人们在雪域上增加了建筑物、植物等，就没有失明的现象出现了。

在一片白茫茫的雪域中，找不到一个确定的目标，就会导致眼睛失明。人生也是一样，没有目标，人生也就是一片黑暗。

你是自己命运的主人，是自己灵魂的领航人，要过什么样的人生就全看你自己。因此，不要轻视设定目标的重要性，此刻就下定决心，因为在前面不远处，就是你的未来。

忍耐的智慧

对沙漠中的人来说，新生活是从选定方向开始的；而对现实中的人来说，新生活是从确定目标开始的。

121

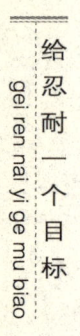

世上只有绝望的人，没有绝望的处境

葛蓝·卡宁罕是一位最不幸的人，但他又是全世界跑得最快的人。在一次火灾事故中，卡宁罕的哥哥被烧死，他的双腿也被严重烧伤。医生建议必须锯掉两条腿，父母为此悲痛欲绝。母亲说："我已经失去了一个儿子，现在难道连另一个儿子的腿也保不住吗？医生，求求你把截肢的日期延后，再让我们商议一下。"就这样，他父母一边往后拖着手术日期，一边向儿子灌输再走路的希望。

后来，手术终于没有进行。当绷带拆除时，人们惊讶地发现，他的右腿几乎比左腿短了三寸，右脚趾几乎全部烧掉。上帝搭配给他的苦难实在是太残酷太无情了，然而他却安慰父母说："没关系，我将来不但能走路，还要参加赛跑呢！"卡宁罕点燃了心中的希望之火，腿再疼痛，他也总是逼迫自己每天运动。锻炼使他渐渐地恢复了健康，最后连拐杖都丢掉了，几乎像个正常人一样开始走路，练习跑步。

他就这样坚持着一直跑，一直跑。那两条差点被锯掉的双腿，为他写下了一英里短跑的世界纪录，他被选为20世纪最伟大的运动员。

世上只有绝望的人，没有绝望的处境。不论你现在的处境多么恶劣，遇到的灾难多么沉重，你都不要悲伤，不要怨天尤人，也不要自暴自弃，因为你还有一个最后选择的自由——那就是选择自己态度的自由。只要你选择了正确的态度，总有一扇能打开的门。

忍耐的智慧

只要你不绝望，只要你选择了正确的态度，总有一扇能打开的门。

122

犹豫不决，
会使你丧失最佳的选择

汤姆斯在上大学期间，看起来像一个典型的容易成功的人，因为他不用费什么精力就能取得优异的成绩。同学们一致认为他是"最可能成功的人"。

成绩优异的汤姆斯在大学毕业择业时，选择空间很大。但使他头疼的是：不知该如何抉择。好不容易才确定了两家规模较大的公司作为候选对象，但这两家公司各有其独特的优势，此时的汤姆斯又犯了难，他不知道该选择哪家公司，放弃哪家公司。就在汤姆斯犹豫不决的时候，这两家公司都确定了更合适的人选。汤姆斯与这两家公司都失之交臂。

后来，汤姆斯凭借其优异的成绩进入了纽约一家大型的保险公司的销售部，最初干得不错。然而，不久他就停滞不前了。因为他再次面临了毕业时的状况：有一家猎头公司想挖他到另一家大型保险公司的销售部去当经理。汤姆斯不知该留在原公司，还是去另一家公司，他把全部的精力都耗费在了是去还是留这一问题上。

人们常说一心不可二用，在这种状态下，汤姆斯自然无法集中精力工作。结果因一次工作失误，他给公司带来了巨大的损失，同时也失去了自己的位置。另外那家公司也没敢聘用他。于是他不得不托关系转到一家小一些的公司。

与此相反，他的一位同学兰德尔，成绩没有汤姆斯优秀，但他把做保险看作自己的人生目标。

在一次招聘会上，有一家大型的电器销售公司想出高薪聘用他，同时也有一家人寿保险公司想聘用他，但待遇没有那家大型的电器销售公司好。而兰德尔还是果断地放弃了那家电器公司，选择了人寿保险公司，并一直坚持下来，最后他跻身于全美保险事业中最优秀的销售人员之列。

为什么像兰德尔这样"平凡"的人，常常会比汤姆斯那样"优秀"的人取得更大的成功呢？汤姆斯与兰德尔最大的差异就是：汤姆斯面对取舍问题时总不能做出决断；而兰德尔面对取舍问题时总是果断地做出决定——要么选择，要么放弃。

忍耐的智慧

二心不定，会让你输得干干净净——既把握不好现在，又抓不住未来。

123

成功就在于坚持

芝加哥有个工人在矿井的井底作业时,起重设备出现故障。他发现自己置身于地下600英尺深的矿井底部,除了梯子没有任何逃生的工具。在向地面爬了300英尺之后,才只能看到不如硬币那么大的井口,看起来似乎遥不可及。但是他对自己说:"我只有一步一步地坚持下去。"他坚持了下来,一步一步慢慢地向上爬,最后,他回到了地面。

在通往光明的道路上,灰心丧气是我们大多数人的通病。我们总是因为自己不能跳跃着前进而失去耐心。

成功的果实是甜美的,但它在旅途的终点,而非起点附近。我们不知道要走多少步才能达到目标,在踏上第一千步的时候,仍然可能遭到失败,但成功就藏在拐角后面,除非拐了弯,否则你永远都不知道还有多远。再前进一步,如果没有用,就再向前一步……

正是因为多坚持了3天,美洲大陆才会得以发现;正是因为多坚持了几个钟头,探险者们才会来到南极。对于诸多发明来说,情况也是如此。永不放弃和坚持不懈,这几乎比其他任何事物都更能推进世界的进步和发展。

有很多伟人在起步的时候都是贫穷的孩子，没有朋友，没有后台，没有其它资本，只有纯粹的坚忍和顽强的意志。

对那些坚持并忍耐到最后的人来说，上帝总是给他最大的奖励。

忍耐的智慧

我们总是因为自己不能跳跃着前进而失去耐心。

自私的人总以自己的喜好去安排别人的生活

有一次大学语言课上，老师给学生们留了一个家庭作业：先阅读一篇文章，并思考提出的问题，等下一节课将各自思考的答案告诉大家。

文章的大意是：

年轻的亚瑟国王被邻国抓获。邻国的君主没有杀他，并承诺，只要亚瑟回答上来一个非常难的问题，他就可以给亚瑟自由。

这个问题是：女人真正想要的是什么？

这个问题连最有见识的人都困惑难解，何况年轻的亚瑟。于是人们告诉他去请教一位老女巫，只有她才知道答案。女巫答应回答他的问题，但他必须首先接受她的交换条件，这个条件是：让自己和亚瑟最高贵的圆桌武士之一、他最亲密的朋友——加温结婚。亚瑟王惊骇极了，他无法置信地看着女巫：驼背、丑陋不堪，只有一颗牙齿，浑身散发出难闻的气味……

亚瑟拒绝了，他不能因为自己让他的朋友娶这样的女人。

加温知道这个消息后,对亚瑟说:"我同意和女巫结婚,对我来说,没有比拯救你的生命更重要的了。"

于是婚礼宣布了,女巫也回答了亚瑟的问题:女人真正想要的是可以主宰自己的命运。

每个人都知道了女巫说出的真理,于是邻国的君主放了亚瑟王,并给了他永远的自由。

来看看加温和女巫的婚礼吧,这是怎样的婚礼呀——为此,亚瑟王在无法解脱的极度痛苦中止不住地哭泣。加温一如既往地温文尔雅,而女巫却在婚礼上表现出最丑陋的行为:用手抓东西吃,蓬头垢面,用嘶哑的喉咙大声讲话。她的言行举止让所有人都感到恶心。

新婚的夜晚来临了,加温依然坚强地面对这可怕的处境。然而,当他走进新房时,却被眼前的景象惊呆了:一个他从没见过的美丽少女半躺在婚床上!加温如履梦境,不知这到底是怎么回事。

美女回答说,因为当她是个丑陋的女巫时,加温对她非常体贴,于是她就让自己在一天的时间里一半是丑陋的、一半是美丽的。她问加温,在白天和夜晚,你分别想要哪一半呢?

多么残酷的问题呀!加温开始思考他的困境:是在白天向朋友们展现一个美丽的女人,而在夜晚,在自己的屋子里,面对一个又老又丑如幽灵般的女巫,还是选择白天拥有一个丑陋的女巫妻子,但在晚上与一个美丽的女人共同度过亲密的时光?

故事结束了,问题是:如果你是加温,会怎样选择?

第二天的课堂上,答案五花八门,归纳起来也就是两种:一种选择白天是女巫,夜晚是美女,理由是妻子是自己的,不必爱慕虚荣,苦乐自知就可以了;一种选择白天是美女,因为可以得到别人羡慕的眼光,至于晚上,漆黑的屋子,美丑都无所谓了。

老师听了所有的答案，没有说什么，只是问大家是否想知道加温的回答。大家说当然想。

老师说："加温没有做任何选择，只是对他的妻子说：'既然女人最想要的是主宰自己的命运，那么就由你自己决定吧！'"

于是女巫选择——白天夜晚都是美丽的女人。

所有的学生都沉默了：为什么我们没有一个人做出加温那样的回答？

有时我们是不是很自私？我们总以自己的喜好去安排别人的生活，却没有想过人家是不是愿意。

忍耐的智慧

有时把选择权交给别人，得到的结果也许比你自私的选择更加令你满意。

125

在行动中调整目标的方向

19世纪伟大的普鲁士将军和军事家卡尔·冯·克劳塞维茨在《战争论》中写道:"战略不是什么固定的方程式,诸多意外的因素或是执行中的微小偏差,以及对手行动的不可控因素都会使一项看似天衣无缝的战略计划毁于一旦。"

19世纪60年代末和70年代初期,老毛奇将军率领下的普鲁士军队把克劳塞维茨的战略思想发挥到了极致,他们战无不胜,相继攻克了丹麦、奥地利和法国等国。和敌军首次短兵相接时,老毛奇的将领们并不指望某个一揽子的作战计划能够赢得胜利。相反,他们仅仅设定了一个泛泛的目标,并强调去攫取那些潜在的、不可预见的时机的重要意义。战略计划绝不是一个冗长的行动计划,而是战略的核心思想随着外界环境的不断变化而不断演变的结果。

世界第一CEO杰克·韦尔奇在上海演讲的时候,TCL的总裁李东生问了他一个问题:"我们如何才能预测企业10年后的发展方向?"

杰克·韦尔奇回答:"预测一年后的情况都是很难的,预测10年后的情况是愚蠢的。"

一个人如果总想着等有了一个完美的人生规划再行动，那么这个人一辈子也做不了一件事情。

吉姆·柯林斯通过研究发现，多年来能排名世界500强的企业有几千家，但其中能持续50年以上的只有18家。他找出了这18家公司，并研究它们到底有什么与众不同？结果他发现，这些公司能持续发展的原因与人们的想像完全不同。这18家公司中，几乎没有哪一家开始就有一个长远规划或者伟大的构想，他们只是在不断地尝试，好的保留，不好的放弃，像达尔文的进化论所说的那样，适者生存，不适者淘汰，不断地进化成功的。

其实，任何一个人的发展，都是在行动的过程中不断地思考、变化、发展，最终确立人生的方向。

开始，他们只是在做，做了再想如何发展壮大，有一颗永远向上的心。他们总在想着要发展自己，要不断地壮大自己。其实世界上最好的18家公司都是这样做出来的。开始从小事做起，不断地做大做强，不好的淘汰，好的就继续做下去。

当然不是说人生梦想不重要，也不是说人生中不需要长远规划，但那只是对人生的一种猜测，或一种大致方向的判断。周恩来说："梦里行了千万里，醒来还是在床上。"比梦想、长远规划更重要的是行动，是开始。人生就像攀登高山，没有开始，你就永远不可能登上顶峰。

忍耐的智慧

一个人如果总想着等有了一个完美的人生规划再行动，那么这个人一辈子也做不了一件事情。

126 首先解决眼前问题

一个爆竹在一个人耳边炸响，比 1000 公里外一枚导弹摧毁一栋建筑物给他带来的惊恐要大得多。身边的小事远比在千里之外的大事更重要，因为这些小事直接关系到当事者的个人利益。

竞争也是同样的道理，身边的竞争即使不是很激烈也是最重要的，把精力投入到这样的竞争当中，才是正确的选择。"冬天来了，春天还会远吗"，可现在是冬天，要先解决冬天的问题，否则就熬不到春天！

把关注的目光投向今天，解决好眼下的生存问题，才有资格谈论未来的计划。以这种思想作指导，个人和团队都会有务实的作风。比尔·盖茨在创办公司之初和当了全球一号"财主"之后，都注意留足企业一年的薪水，保证公司在没有任何收入的情况下，也不会让员工断炊。这就是切实的问题，而这些也都是眼前的问题。但是，有些不成熟的企业的做法就与之相反，他们一般把 5 年甚至 10 年的规划都贴到墙上，看起来这些好像既成的事实一样。

"想当然"的思想和"好高骛远"一样可怕，总有人觉得做不成盖茨也要做李嘉诚，否则奋斗就没有意义。要知道，一个宏伟的奋斗目标本没有错，但是每天都在想它，沉迷其中就不是好事。虽然有时候现实显得残酷、毫无头绪，但是未来仍然是从现在开始的。

忍耐的智慧

把关注的目光投向今天，解决好眼下的生存问题，才有资格谈论未来的计划。

127

丧失对生活的
热情是最糟糕的破产

　　生命的本身就是由一连串希望组成的，包括对健康、对学业、对事业、对财富、对婚姻、对交友的希望等等。

　　人有了希望，生命就会变得强劲起来，希望能使病入膏肓的人起死回生。一个人无论得了什么绝症，只要有一口气，就没有丝毫理由绝望。人们常说，患癌症是发生在我们身上最倒霉的事。其实，没有希望地活着，那才是最坏最坏的事情。

　　在美国一家医院里有位患癌症的大老板，家人为他请来一位很有名气的医学教授，教授决定用心理疗法来为他治疗。教授问病人："先生，你想吃点什么？"病人摇摇头。教授又问："先生，你喜欢听音乐吗？"病人又摇了摇头。教授接着又问："那么你对听故事，说笑话，或者是交女朋友，有没有兴趣？"病人用一种极其微弱的声音回答道："没有兴趣。"教授想继续问下去，可家人在一边赶紧说："教授，没有用，他健康时都没有什么爱好，就甭说是现在这个样子了。"

　　教授听了之后，神情一下子忧郁起来，他叹了口气，转身走出病房。家人追了出来很担心地问:"教授,是不是不好救了?"教授说:"我医治过成千上万的病人,每次都颇有成效,但这个病人我是彻底地没有办法了,因为他是一个失去希望的人,对生活没有什么留恋,也没有活下去的渴望和信心,再好的医生也治不好他的病。"这位老板有豪华的别墅和汽艇,有高级轿车,有花不完的美元,他应有尽有,可就是缺少了一样东西——希望。

人的美好一生,是由一个接一个的希望日子所组成的。在日常生活中,有些人常常认为:天天做同样的事,上学——放学;上班——下班。今天是昨天的翻版,今年又是去年的重复,觉得日子过得太平凡,太单调,太没有意思。产生这种想法和感觉的原因是缺少希望的缘故。如果每天能给自己一个希望,你就会觉得每一天都是新的开始,每天的学习、工作就不再是单调乏味的重复,而是量的积累,成功的前奏。人有了希望,就觉得这一天活得很愉快,活得很充实,活得有意义。

忍耐的智慧

世界上最糟糕的破产就是他丧失了对生活的热情。一个人可以没有金钱,可以没有名利,但如果没有了追求,没有了对生活的希望,那他的生命也随之失去了光彩和意义。

128

喜欢自己才会拥抱生活

马斯洛在他的需要层次理论中指出,人有五个层次的需要:生理需要、安全需要、归属和爱的需要、自尊和受人尊重的需要、自我实现的需要。可以看出,人类除了要满足自己在衣食住行等物质方面的需要外,还需要精神上的满足,我们需要他人的尊重和爱。如果我们找不到可以与我们交流的人,则会感到孤独。在与人交流的过程中,才能学会爱人与被人爱。爱的能力既包括珍爱自己,也包括珍爱他人。

有人曾用形象的比喻说明了成为自己的重要性:自己若是世上最好的一棵李子树,能结出最佳品质的李子,而你所爱的人却不喜欢李子,喜欢香蕉。这时,你可以有两种选择,一种是:你可以选择变成香蕉,博得所爱的人的欢心,不过你变成的香蕉是次等品质的香蕉。如果你甘愿变成次等的香蕉,而你所爱的人钟爱最佳品质的香蕉,则你很可能会被抛弃。所以你只有尽全力使自己变成最好的香蕉——这往往是不可能的。第二种是:只做你自己,做最好的李子树。

学会爱的第一步就是要学会爱自己。这种对自己的爱绝非自私自利、顾影自怜、以自我为中心,而是对自己由衷的喜爱、关怀和尊重。

接受自己的长处，也承认自己的缺点，做真实的自己，做最好的自己。当一个人能够认识自己并真正欣赏自己时，他便有了一颗自爱的心。

每个人都有自己的独特性，遗憾的是我们缺乏这种发现并欣赏自己独特性的能力，以致我们感到不如别人而产生自卑感。当我们对自己失去信心的时候，还有谁会欣赏我们呢？所以，自爱包含了不断地发现并确认自己的独特性。

一个自爱的人，必会得到他人的爱。一个真正学会自爱的人，才会走出爱的第二步——珍爱他人。

忍耐的智慧

学会爱的第一步就是要学会爱自己。一个真正学会自爱的人，才会走出爱的第二步——珍爱他人。

129

按部就班是
实现目标的惟一做法

　　一位63岁的老太太菲莉皮亚夫人，决定从纽约市步行到佛罗里达州的迈阿密市。当她到达迈阿密市时，在那儿的一些记者采访了她。他们想知道，这种长途跋涉的想法是否曾经吓倒过她？她是如何鼓起勇气徒步旅行的？

　　"走一步路是不需要鼓起勇气的。"菲莉皮亚夫人答道，"真的，我所做的一切就是这样。我只是走了一步，接着再走一步，然后再一步，一步一步地，我就到了这里。"

　　按部就班做下去，是实现任何目标惟一的聪明做法。比如说戒烟，最好的戒烟方法就是"一小时又一小时"坚持下去。许多人用这种方法戒掉了烟，成功的比率远远高于那些指望利用药品和保健器材戒烟的人。这个方法并不是要求他们此刻下定决心永远不抽，只是要他们决心不在下一个小时内抽烟而已。当抽烟的欲望渐渐减轻时，时间就延长到两个小时，接着再延长到一天，最后终于完全戒除。那些一下子就想戒除的人，因为不采用循序渐进的方法，在戒烟过程会带来巨大的心理压力。

想要达到目标，必须按部就班地做下去。对于那些初入社会的人来说，不管被指派的工作多么不重要，都应该把它看成是使自己前进一步的好机会。推销员只有促成交易时，才有资格迈向更高的管理职位。

成功并不是偶然得来的，那些大起大落的人物，声名来得快，去得也快，他们的成功往往只是昙花一现而已，他们并没有牢固的根基与雄厚的实力。任何人都无法一下子就达到目标，只能一步步走向成功。

著名的作家兼战地记者西华·莱德先生在二战期间就曾亲身体验到，"只有继续走完下一里路"才能得以逃生，而不是漫长的140公里。

西方有句谚语："罗马城不是一天建成的。"我国也有"绳锯木断，水滴石穿"的说法。的确，成功并不是一天就能实现的，成功的路漫长而曲折，没有足够的耐心等待成功的话，就得用足够的耐心去面对失败。

急功近利会蒙蔽那颗本来理智的心，会让人失去客观冷静分析局势的能力，因为它是目光短浅的直接产物。有这种心理的人，忘记了一个真正有理想的人是要不辞劳苦的，一个成大事的人必须从做小事开始积累的道理，这种人更不会明白，一件事，一个目标，都需要一点点地，一步步地积累才能实现。

忍耐的智慧

想要达到目标，必须按部就班地做下去。任何人都无法一下子就达到目标，只能一步步走向成功。我们是先学会了走，然后才学会了奔跑。

130

每天进步一点点

　　每个人对成功的看法都不一样，但有一点毋庸置疑，成功就是每天进步一点点——只要我们今天比昨天进步一点点，明天能比今天进步一点点，这样的过程就是一种成功。实际上，人生是一个不断追求卓越的过程。

　　日本在第二次世界大战之中发动侵略战争战败，国力衰竭，你知道它为什么能在短短的几十年之后却成为经济强国吗？日本成功的原因究竟是什么？日本在二次大战结束后，当时的经济一片萧条，日本企业从美国请来一位管理学博士——戴明。戴明博士去日本之后就告诉日本人一个观念——每天进步一点点。他说，企业只要能够每天进步一点点，这个企业就一定能够茁壮成长。就这么一个再简单不过的观念被日本人采用了，所以日本的企业都在研究每天如何进步一点点。这个信念造就了松下、本田、三菱的成功，使日本快速成为经济强国，这就是后来日本人所说的"改善管理"。因此日本人几乎都不用发明任何新的东西，他们通常都是模仿，模仿别人已经有的东西然后加以改善，就像索尼发明的随身听。虽然他们不是发明收音机的人，可是能够把收音机改善成为随身听，就是源于这个信念。

有一个篮球教练，他也以这个观念作为自己的教学理念，NBA洛杉矶湖人队以年薪120万美元聘请他当教练，帮助他们提升成绩。教练来到球队之后要求12个球员："可不可以罚球进步一点点，进攻进步一点点，防守进步一点点，投球进步一点点，每个方面都能进步一点点？"球员一想：这么容易，进步一点点当然可以了！于是湖人队成为NBA总冠军。教练说，因为12个球员一年进步5个项目中每个项目的1%，所以一个球员进步5%，全队就进步了60%。

人生也是如此，只要我们每个人在人生中每天进步一点点，那么一年就进步365点，持续这样做，人生中任何一点点差距都有可能在几年后变成十万八千里的距离。每天进步一点点，是我们工作所需要的，也是我们一辈子的事情，这就是我们每天的目标。

忍耐的智慧

每天进步一点点，是我们工作所需要的，也是我们一辈子的事情，这就是我们每天的目标。

131

只有经济独立，才有真正的自由

如果你没有养成储蓄的习惯，那么从赚钱这个角度上来说，你就不可能受到机遇的青睐。这听上去虽然让人感到有些残酷，但却是不争的事实。

有一点不妨再重复一遍——其实它应该被反复强调——几乎所有的财富，无论大小，最初都始于储蓄的习惯！

把这个基本原则牢牢地记在你的脑子里，这样你就可以踏上取得经济自立的光明大道了！

一个人因为缺乏足够的意识，没有养成储蓄的习惯，结果多年来一直无法逃脱辛苦劳作的命运，看到这样的情景真是令人难过。可是今天，在这个世界上，有成千上万人正在过着这样的一种生活。

生命中最伟大的东西就是自由！没有一定程度的经济自立，人们就不可能拥有真正的自由。

被迫停留在某一个地方、长时间地从事某一个自己并不喜欢的职业，终生不得解脱，这是一件多么可怕的事情！在某种程度上，这和

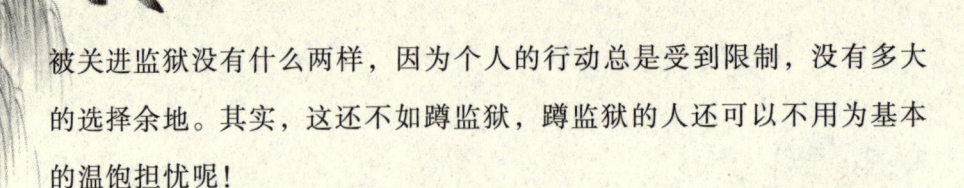

被关进监狱没有什么两样，因为个人的行动总是受到限制，没有多大的选择余地。其实，这还不如蹲监狱，蹲监狱的人还可以不用为基本的温饱担忧呢！

要想逃脱这种毕生没有自由的生活煎熬，只有一条出路，那就是养成储蓄的习惯，然后不惜一切代价去保持这样的习惯，除此之外没有更好的出路。

拥有巨额财富的好莱坞巨星施瓦辛格，终于在135名候选人角逐的美国加州州长的竞选中获得了胜利。加州是一个对全球经济具有举足轻重影响的地区。在竞选州长之前，他就非常自信地宣布，他可以不受任何利益集团左右，他将建立廉洁的政府，可以公正、高效地治理加州。他甚至准备聘请全球数一数二的大富豪沃伦·巴菲特担任他的经济顾问，原因是他有雄厚的财富作为基础。

储蓄能在关键时刻正确引导我们的生活，甚至遏制我们的邪念。虽然我们不能用金钱来衡量生活的价值，但是，我们必须正视金钱在生活中的作用。没有足够的金钱，就不会有舒适、温馨的生活，更难以实现自立和理想。学会储蓄是学会生活的开始。收入无论多少，都要坚持节省一些储蓄下来，以备不时之需，不要寅吃卯粮，过入不敷出的生活。按照这些去做，就能免除挥霍、短浅、鲁莽和无计划等许多坏毛病。节省和储蓄表现了自我克制、深谋远虑、谨慎与智慧，这些是未来幸福生活的种子，是自立和诚实生活的开端。

忍耐的智慧

没有一定程度的经济独立，人们就不可能拥有真正的自由。只能被迫停留在某一个地方、长时间地从事某一个自己并不喜欢的职业，终生不得解脱。

132

淡泊苦难

　　苦难是生命中的重重迷雾，常常让你看不到远方的光明；苦难又似魔鬼的双刃剑，它一面折磨你的身心，一面无情地割断你意志的琴弦，让你无法弹奏生命的乐章。

　　苦难考验生命的质量。

　　勇敢者傲视苦难，快乐者藐视苦难，成功者驾驭苦难，彻悟者淡泊苦难，脆弱者惧怕苦难，茫然者无奈苦难，愚蠢者放纵苦难。我们提倡淡泊苦难。

　　淡泊苦难是智者与苦难作斗争的一种艺术，它采取对苦难淡然置之的态度，既有藐视，又有驾驭，任苦难逞强施威，对你都无可奈何。

　　马克思，这位世界无产阶级革命的导师，他平生所遭遇的苦难真是千千万万。而马克思在苦难面前表现出的那种漠然置之、不惧不畏的态度，已经成为他不屈不挠性格中的重要组成部分。

　　他终生贫病交加。有一年在他正为一部著作的出版而困扰时，小女儿弗兰契斯卡又病死在家中，因为没有钱，遗体只能停放在小房间里，最后在法国流亡者的资助下，才得以将女儿安葬。在这期间，马克思常常因买不起一便士的邮票而苦恼，或者由于上衣送进了当铺而不能出门。他在一次给恩格斯的信中说："我的妻子在生病，小燕妮在生病，琳蘅害着一种神经热。至于医生，我过去不能请，现在也不能请，因为没有钱买药。8至10天以来，我们全家只靠面包和土豆过日子，而今天我是否能弄到这些东西还成问题。"

在几千年来影响世界历史进程伟人排行榜中，这位位居前列的思想家、马克思主义的创始人卡尔·马克思，以他的超人智慧完全可以找到许多赚大钱的工作，从而使自己和家人的物质生活过得更好，但他感到这不是他人生价值的所在，所以宁愿长期忍受贫困，也要从事揭示人类社会和经济发展规律的研究工作，并且愿意用自己40年的生命投入《资本论》的写作。以燕妮·冯·威斯特华伦的美貌和贵族家庭的背景，也可以找到更有钱、外表更英俊的丈夫，然而她的人生价值观使她愿意脱离贵族社会的生活，愿意与一个物质上不富有但精神上却非常富有的人厮守一生，愿意用她的爱支持丈夫为人类的进步事业而奋斗。虽然他们的生活苦难重重，但他们的一生是幸福的。

忍耐的智慧

苦难考验生命的质量。任何时候，我们都不能因为逆境而痛苦，苦难过后，就是幸福！

133

在无奈时，我们忍耐

在暴风雨袭来的时候，小鸟收敛了翅膀，树木挺立着，任凭风雨摆布。

在漫长的冬季，绿色告别了大地，种子喘息着，任凭冰雪掩埋。

忍耐是一种承受，一种克制。

忍耐是一种忍受，一种无声的等待。

忍耐是一种追求的韧性，弱小的生命或事物为了避免过早地折断和毁灭，不得不暂时收敛自己的欲望；忍耐是一种追求的策略，一个追求更大的成功的人，不得不忍受小的失败和牺牲。

忍耐必须是有意识的自制的忍耐，忍耐的意识一旦消失，就会出现可悲的结局，那就是对忍耐的习以为常——一张习惯了弯曲的弓再也不会伸直，一个在屋檐下生活惯了的人，离开屋檐的压力便再也不会生活。

然而，忍耐必须是有价值的，一个跪着的人的忍耐是不会有什么意义的。

不同的人对忍耐有不同的感受，相同的忍耐又会塑造出不同的人生。

男人在屈辱中忍耐，女人在痛苦中忍耐；男人因忍耐而变得宽厚，女人因忍耐而变得温柔。

忍耐是另一种形式的行走，有时等待甚至比行走更重要。一个不善于忍耐的人，容易使自己暴躁，这样的人很可能就看不到很多美好的结果。因为他们在没有等到结果的出现之前，就已经放弃或者选择改变了。一个不懂得忍耐的人，往往会犯一些不必要的错误。

忍耐的智慧

忍耐是另一种形式的行走，有时等待甚至比行走更重要。

134

不绝望就会有转机

在对待难题时，要从主观上采取积极的态度，而不是消极地等待；在选择对策时，应当审时度势，有条件的选择改造环境的条件，无条件的选择改造自身的办法。这样才能既不想入非非，又不自暴自弃，从而找到解决问题的最佳方案。

小时候曾看过一篇小说，写一个人被湍急的河水冲走了，像一片树叶似的顺水而下。这时，那人多么想抓住一样东西啊，哪怕是一根芦苇、一把水草也好。然而四面都是水，他什么也抓不住，心想这一下算是没救了，死就死吧。这个念头一出现，身上立时没劲了，也没有力气挣扎了，整个身子往下沉。正在这时，忽然他想起去年夏天来这条河边玩时，离这下游不远处的河岸边有一棵老树，是斜着长的，其中有一根粗大的树枝正好贴在水面……一想到这，他心里顿时有了希望。一有了希望，他心也不慌了，力气也来了，就拼命挣扎坚持着……终于他游到了那棵老树前。当他拼命拽住那根伸向河中的树枝时，谁知那树枝早已枯死，经他使劲一拽，"咔吧"一声断了……这时，来救他的人也赶到了，他终于被救上了岸。事后他说，要是早知道那是一节枯枝，他根本坚持不到那儿。

"尽人力，听天命"。这句话虽然有点唯心，但绝不是没有一点道理。努力了，你至少拥有一半的成功概率，而听之任之，就此沉沦的结果只能是死路一条。其实，机会永远存在，只要你还活着，你就有希望对既定的事情有所改变。所以，不要轻言放弃，希望在你的努力中产生，并在努力中实现。

有了希望，你就不会退缩，你就不会驻足不前，你就不会轻易觉得"不可能"。希望能给你重生的力量，哪怕这希望只是一节枯枝。

忍耐的智慧

努力了，你至少拥有一半的成功概率。不要轻言放弃，希望在你的努力中产生，并在努力中实现。

135

自我激励比他人的激励更有效

德国的精神病专家林德曼,通过自身的实践,给世人留下了宝贵的经验。在18世纪,有100多名德国青年先后加入驾船横渡大西洋的冒险行列,但是这100多名青年均未生还。当时人们普遍认为,只身横渡大西洋是完全不可能的。

这时,林德曼向世人宣布:他将独自横渡大西洋这一死亡之海。理由是,他想用自己做个实验来证明,强化信心,对人的心理和肌肉会产生什么样的效果。

林德曼独自驾船在大西洋上航行,巨浪打断了他的桅杆,船舱不断被灌进海水。林德曼筋疲力尽,浑身像被撕成碎片一样疼痛,肢体渐渐失去了感觉,加上长期睡眠不足,开始产生幻觉,在意识中常常出现死去比活着舒服的念头。但是每当产生这种想法时,他马上对自己说:"懦夫,你想死在大海里吗?不,我一定要战胜死亡之海!"在整个航行的日日夜夜里,他不断地对自己说:"我能成功,我一定能成功!"这句激励的话,成为控制他意识的惟一武器,从而产生出无限的潜能。结果怎样呢?被人认为早已葬身鱼腹的他,却奇迹般地到

达了大西洋彼岸。

　　林德曼通过只身横渡大西洋的经历，发现了以前100多名先驱者遇难的真正原因，既不是船体的翻覆，也不是生理能力达到了极限，而是由精神上的绝望导致的勇气和信心的丧失。人处于无法忍受的状态时，最最需要的是激励。然而一个人最先听到的激励的声音是来自于自己，没有任何人可以像你那样激励自己。别人的激励是对你的支持，自我激励会带给你无穷的力量。

忍耐的智慧

别人的激励是对你的支持，自我激励会带给你无穷的力量。

136

你的想法便决定了你的一生

我们会有什么样的成就，会成为什么样的人，就在于先做什么样的梦。先有梦想，才会有成就，才会发挥潜能。

在《卡里布公主》这部喜剧中，一名年轻的英国女郎幻想自己是位来自遥远岛国的公主，她甚至创造出了自己的语言、旗帜、服装及家世。她的仪态、站姿以及高雅的细致的手部动作，都在说明她出身尊贵。她真的相信她自己是个公主，以致整个镇上的人也开始相信她，认为她给小镇带来了欢乐和荣耀。后来，全伦敦的贵族都学习她的异国原始舞蹈，在她身后排成一长列，模仿她转身和摇摆的动作。

银行家请她担任大使，来筹款投资那个小岛。一位公爵向她求婚，目的是可以扩充自己的领地及提升他的个人形象。妇女们竞相模仿她的穿着，很高兴有皇室来造访她们。

接着，剧情急转直下，一名记者发现这位公主所说的国家根本就不存在，她也不是异国贵族，只不过是个来自伦敦的平凡孤女而已。她在接受这名记者采访时解释说："但我想到这位公主时，我真的变成了她。"最后，所有人的想法都改观了，并且体会到他们需要她充

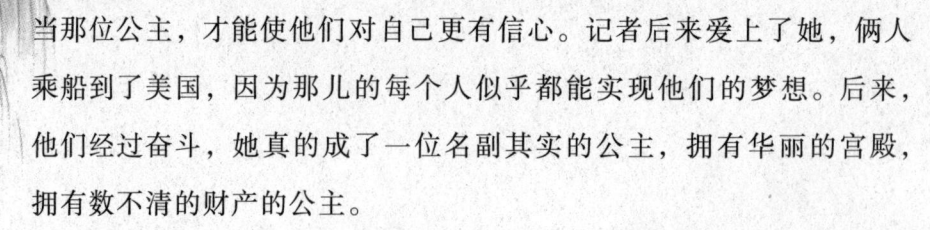

当那位公主，才能使他们对自己更有信心。记者后来爱上了她，俩人乘船到了美国，因为那儿的每个人似乎都能实现他们的梦想。后来，他们经过奋斗，她真的成了一位名副其实的公主，拥有华丽的宫殿，拥有数不清的财产的公主。

戴高乐说："眼睛所看到的地方，就是你会到达的地方，惟有伟大的人才能成就伟大的事，他们之所以伟大，是因为决心要做出伟大的事。"体育老师会告诉你："跳远的时候，眼睛要看着远处，你才会跳得够远。"

目标能激发出令人难以置信的能力，改写一个人的命运。要想把看不见的梦想变成看得见的事实，首先要做的事便是制定目标，这是人生中一切成功的基础。目标会导引你的一切想法，而你的想法便决定了你的人生。

忍耐的智慧

目标能激发出令人难以置信的潜能，改写一个人的命运。目标会引导你的一切想法，而你的想法便决定了你的人生。

137

自信是成功的第一秘诀

曾有人在学校里搞过一项调查，让同学们回答"在班上哪些同学最不容易受欺负"。同学们都认为，学习好、威信高、能帮助同学、团结同学的人不容易受欺负。而且，在一旦受到欺负的时候，这些同学也最容易有效还击。我们不难看出，这些同学，因为在多个方面占有优势，因此，他们的自信支柱很稳定，遇到问题，他们深信能够解决，而他们平时的行为也让他们相信，自己能得到很多支持。所以，面对不合理的要求时，他们是敢于说"不"的。

因此，面对别人不合理的要求和行为，我们必须敢于合理冲撞，但是，为了让我们合理的冲撞有效果，我们必须学会积累"资本"，这种资本就是你对自己的信心。

在我们的生活中，更多的人是处于一种被领导的位置，对于一件事情，他们在心中会有自己的看法，但是他们不愿意成为提出看法、表达看法的人。他们一方面对自己所持的态度没有十分的把握，另一方面也不愿意去承担由于表达看法而引发的责任。而自信心强的人，则不一样，他们有主见，而且愿意承担责任，这类人很容易在群体中起到带头的作用，也易于获得大家的尊重和追随。

爱默生说："自信是成功的第一秘诀。谁相信自己的能力，谁就能征服世界。"后来他又补充说："如果你做一件你担心不能成功的事，那么失败的结局是不可避免的。"在生活中缺乏信心，感到害怕，有不安全感，那么你很快就会失去力量。

忍耐的智慧

不是因为有些事情难以做到，我们才失去自信；而是因为我们失去了自信，才陷入平庸之中。你成就的大小永远不会超出你自信心的大小。

138

没有目的地，你永远无法到达

目标对于一个人来说是非常重要的，可以说，有什么样的目标，就会有什么样的人生。没有目标，人生通常也就失去了意义，有清晰且长期的目标，并且一直在努力，才会有一个成功的人生。

哈佛大学曾做了一项关于目标对人生影响的跟踪调查，对象是一群智力、学历、环境等条件差不多的青年人，调查结果发现：27%的人没有目标；60%的人目标模糊；10%的人有清晰但比较短期的目标；3%的人有清晰且长期的目标。

25年的跟踪研究结果表明：那些占3%有清晰且长期目标者，25年来几乎都不曾更改过自己的人生目标。25年里他们都朝着同一方向不懈地努力，25年后，他们几乎都成了社会各界的顶尖成功人士，他们中不乏白手创业者、行业领袖、社会精英。

那些占10%有清晰但短期目标者，大都生活在社会的中上层。他们的共同特点是，那些短期目标不断被达到，生活状态稳步上升，成为各行各业的不可或缺的专业人士。如医生、律师、工程师、高级主管，等等。

其中占60%的模糊目标者，几乎都生活在社会的中下层，他们能安稳地生活与工作，但都没有什么特别的成绩。

剩下的27%的是那些25年来都没有目标的人群，他们几乎都生活在社会的最底层。他们的生活都过得不如意，常常失业，靠社会救济，并且常常都在抱怨他人，抱怨社会，抱怨世界。

你一定要树立一个明确的目标，因为就像你无法从你从来没有去过的地方返回一样，没有目的地，你就永远无法到达。一个人没有目标，就像一艘轮船没有舵一样，只能随波逐流，无法掌握，最终搁浅在绝望、失败、消沉的海滩上。你只有真正地、精细地、明确地树立起目标，你才会认识到你体内所潜藏的巨大的能量。

明确的目标能够集中你的注意力及精力，让你清楚地看到未来，并给你勇气去开始并坚持到最后。

忍耐的智慧

重要的不是你现在在哪里，而是你将要向何处去。只有树立明确的目标，才有成功的可能。没有目标的航船，任何方向的风对它来说都是逆风。

139

与其羡慕别人，
不如发现自己的幸福

诗人卞之林写道："你站在桥上看风景，看风景的人在楼上看你。"带着妻儿到乡间散步，这当然是一道风景；带着情人在歌厅摇曳，也是一种情调；腰缠万贯的富翁，有时会羡慕那些粗茶淡饭的老百姓，可是平民百姓没有一个不期盼来日能出人头地的；拖家带口的人羡慕独身的自在洒脱；独身者却又对儿女绕膝的那种天伦之乐心向往之……

一条河隔开了两岸，此岸住着凡夫俗子，彼岸住着僧人。凡夫俗子们看到僧人们每天无忧无虑，只是诵经撞钟，十分羡慕他们；僧人们看到凡夫俗子每天日出而作，日落而息，也十分向往那样的生活。日子久了，他们都各自在心中渴望着：到对岸去。

终于有一天，凡夫俗子们和僧人们达成了协议。于是，凡夫俗子们过起了僧人的生活，僧人们过上了凡夫俗子的日子。

没过多久，成了僧人的凡夫俗子们就发现，原来僧人的日子并不好过，悠闲自在的日子只会让他们感到无所适从，便又怀念起以前当

275

凡夫俗子的生活。

成了凡夫俗子的僧人们也体会到，他们根本无法忍受世间的种种烦恼、辛劳、困惑，于是也想起做和尚的种种好处。

又过了一段日子，他们各自心中又开始渴望着：到对岸去。

这就如同一幅曾获世界大赛金奖的漫画所描绘的一样：第一幅是两个鱼缸里对望的鱼，第二幅是两个鱼缸里的鱼相互跃进对方的鱼缸，第三幅和第一幅一模一样，换了鱼缸的鱼又在对望着。

皇帝有皇帝的烦恼，乞丐有乞丐的欢乐。当乞丐的朱元璋变成了皇帝，当皇帝的溥仪变成了平民，四季交错，风云不定。有人从风景中看到了自己，明白了自己原来也是一道风景；而有人却在风景中迷失了自我，仅仅成了他人风景中可有可无的点缀。

忍耐的智慧

有人从风景中看到了自己，明白了自己原来也是一道风景；而有人却在风景中迷失了自我，仅仅成了他人风景中可有可无的点缀。

140

不要让目标超过忍耐的极限

繁华的十字路口有一个交通信号灯，每次红灯停留的时间仅为60秒，但交通事故还是屡屡发生，主要是司机们闯红灯造成的。最后在一位心理学家的协助下，交通部门将这个信号灯重新设置了一下，事故就少多了。其实，红灯的时间并没有缩短，而只是将原来的60秒分割成了两个30秒。

心理学家解释说，60秒的信号，给司机及其目标之间设置了一个60秒的距离，这60秒超过了多数司机的心理承受能力。于是，司机们便会因失去耐心而产生闯红灯的想法。将60秒分为两个30秒，当第一个30秒结束时，司机的焦躁心情会得到一定程度的释放，此时突然出现第二个30秒的倒计时，虽然司机仍会承受心理考验，但30秒还没有达到他们忍耐的极限，在他们产生闯红灯的想法前，红灯已变绿，因此交通事故大幅下降。

忍耐的智慧

过重过长的目标，让人看不到希望，只会加重心理负担，使人容易因失去耐心而放弃。

141

忍耐是一种智慧的坚持

凡高在成为画家之前，曾到一个矿区当牧师。有一次他和工人一起下井，在升降机中，他陷入了巨大的恐惧中。颤微微的铁索轧轧作响，箱板在左右摇晃，所有的人都默不作声，任凭这机器把他们运进一个深不见底的黑洞——这是一种地狱的感觉。事后，凡高问一个神态自若的老工人："你们是不是习惯了，不再恐惧了？"这位坐了几十年升降机的老工人答道："不，我们永远不习惯，永远感到害怕，只不过我们学会了克制。"

有些生活，你永远也不会习惯，但只要你活着，这样的日子你还得一天天过下去，所以你就得学会克制，学会忍耐。你不习惯黑夜，但黑夜每天适时而来，你忍耐着，天就亮了；你不习惯寒冷的冬季，但冬天的脚步渐渐逼近，你忍耐着，那春天还会远吗？面对生活，把最坏的都捱过去，剩下的也就是好的日子了。

我们都不会否认坚持对于我们成功的重要性，可我们却常常在现实的坚持过程中，对所遇的挑战宣布我们力不从心，宣布我们的无法承受，从而也放弃了属于自己的那份成功。

其实，要坚持下去，在很多情况下，我们首先要对自己所坚持的事物、对自己的选择充满信心，并在这个过程中学会忍耐。忍耐挑战过程中的"无法承受"，享受挑战过程中的"无法承受"。

忍耐的智慧

面对生活，你要学会克制和忍耐。把最坏的都捱过去，剩下的也就是好的日子了。

142 看到努力的成果，体验成功的快乐

为证实成果对人的激励作用，有位心理学家曾经做了这么一个实验：他雇了一名伐木工人，要他用斧头的背儿来砍一根圆木。心理学家告诉伐木工人，干活的时间照旧，但报酬加倍。他惟一的任务就是用斧头背儿砍圆木。干了半天之后，伐木工人不干了。"我要看到木片飞出来。"伐木工人说。

其实，谁不希望看到"飞出的木片"呢？

"飞出的木片"即工作的成果，是人们证实自我价值的直接体现，亦可理解为每项工作的外在有效价值，是劳动的最直接成果。所以，"看到飞出的木片"——成为人们努力工作的最真实自然的动机，任何看不到"木片"的工作，只能是机械的重复，它意味着对工作成果和工作价值的埋没和湮灭。而机械的重复与成果的埋没具有100%，甚至200%的负面作用和巨大杀伤力，它可将一个人的工作积极性和原动力降至零，抑或最终使其"无力而不为"。

看不到"飞出的木片"是产生工作压力的主要原因。当人们看不到木片时，不确定的心理会降低他们集中精神做事的能力，从而使工作表现大打折扣。

美国有一位著名的儿童脑神经外科专家，自幼患了一种学习障碍症，小学三年级以前，数学老师从未在他的作业本上打过对号。看到满本的错号，他甚至对上数学课和做数学题都产生了恐惧感。四年级时换了一位数学老师，从此也改变了他的命运。新来的老师拿起他的作业本，亲切地说："你太大意了，咱们再写一遍。"第二遍还是没对，可老师却在本子上打了几个对号。他激动得几个晚上睡不着觉，这对他来说太重要了。后来在老师的帮助下，他竟迷上了数学。

忍耐的智慧

看到努力的成果，体验成功的快乐，即便是一个很小的胜利，也会激励着一个人接连不断地去赢得更大的胜利，这是人们不能自控的内心欲望。

一支铅笔的启示

美国纽约有一所穷人学校，数十年来，该校的毕业生在纽约警察局的犯罪记录最低。这是为什么？一位研究者通过对该校毕业生的问卷调查，得到了一个奇怪的答案——因为该学校的学生都知道铅笔有多少种用途。

原来在这所学校，学生入学后的第一堂课所接受的教育就是：一支铅笔的用途。在课堂上，孩子们明白了铅笔不仅有写字这种最普通的用途，必要时还能用来做尺子画线；作为礼物送人表示友好；当作商品出售获得利润；笔芯磨成粉后可做润滑粉；演出时也可临时用于化妆；削下的木屑可以做成装饰画；一支铅笔按相等的比例锯成若干份，可以做成一副象棋；可以当作玩具车的轮子；在野外探险时，铅笔抽掉芯还能被当成吸管喝石缝中的泉水；在遇到坏人时，削尖的铅笔还能当作自卫的武器……

通过这一堂课，老师让学生们懂得了：拥有眼睛、鼻子、耳朵、大脑和手脚的人更是有无数种用途，并且任何一种用途都足以使一个人生存下去。这种教育的结果是，从这所学校毕业的学生，无论他们的处境如何，都生活得非常快乐，因为他们永远对未来充满希望。

这所学校就是圣·贝纳特学院。对它进行研究的是一位名叫普热罗夫的捷克籍法学博士，他原打算借研究为名拖延在美国的时间，以便找到一份与法学有关的工作。这份奇怪的答案使他放弃了在美国找工作的想法并立即返回国内。目前他已经是捷克最大一家网络公司的总裁。

如果你在生活中遭遇了挫折，譬如破产、譬如失业、譬如辍学……你能否想一想铅笔的用途呢？假若一个人知道铅笔有多少种用途，他一定会觉得人生的道路很宽阔，而且有很多条。

忍耐的智慧

铅笔都有那么多的用途，没有人真的一无是处。

144 要不断建立后续目标

20世纪30年代,密苏里州的天主教决定建造一个大教堂,名字叫"礼堂"。然而,当时正是经济大萧条时期,教会没有一分钱可用。于是,教会发布一个告示:我们需要一笔钱来建造我们的"礼堂",那将是一座伟大而神圣的建筑,我们会在宽敞明亮的大厅里,唱着动听的赞美诗。于是,人们便扶老携幼前来捐款,来自各阶层的人们不计前嫌,为了他们心目中的"礼堂"。不久,所用款项便告完成。

然而,"礼堂"建成后,为什么教派就衰落了呢?因为礼堂一建成,人们的兴奋点也消失了,他们不再有一个可向往的目标去追求,教派领导人没能为追随者建立一个新的可实现的兴奋点。所以,在你激发的每个兴奋点的目标已达到后,你必须立即激发起另一个兴奋点。

目标应是像"礼堂"一样可看得见的。无形的目标太抽象和不明确,通常人们都会视而不见。

一个边远的山村,有一位年轻的父亲遭遇了劫难。

那一天,他们一家人像往常一样待在家中,一名被警察追捕的歹徒闯进了他的家中,他的妻子和孩子被歹徒杀死,他自己也在与歹徒的搏斗中，被歹徒用枪射中左眼和右腿膝盖。3个月后，当他从医院里出来时，完全变了个样：一个曾经高大俊朗的男人，现在已成了一个又跛又瞎的残疾人，而那个曾经幸福的家，也完全没有了。

当地政府和其他各种组织授予了他许多勋章和锦旗。他立志要亲手抓住那个逍遥法外的歹徒！此后，他不顾他人的劝阻，参与了抓捕那个歹徒的行动。他几乎跑遍了整个大山，甚至有一次为了一个微不足道的线索独自一人上山寻找歹徒。

9年后，那个歹徒终于被抓获了。当然，他起了非常关键的作用。在庆功会上，他再次成了英雄，许多媒体称赞他是最坚强、最勇敢的父亲。

就在庆功会的第二天，他却在家里割脉自杀了。在他的遗书中，人们读到了他自杀的原因："这些年来，让我活下去的信念就是抓住凶手。现在，伤害我孩子的人被判刑了，我的仇恨被化解了，生存的信念也随之消失了。面对自己的伤残，我从来没有这样绝望过。"

失去一只眼睛，或者一条健全的腿，并不要紧，但是，如果你失去了后续的目标，就失去了一切。

忍耐的智慧

目标应该看得见，摸得着，太虚无缥缈反而会影响人们的积极性和努力的热情。

145 人生要耐得住寂寞

为了了解植物的生命力到底有多强，科学家曾做过这样一个实验：他们在土壤里种了两株冬瓜。当小冬瓜刚长出来时，他们就在其中的一个冬瓜上加上了砝码，重量是小冬瓜刚刚能够承受的极限。随着冬瓜的生长，他们不停地增加砝码的重量，而另一个则按正常的规律生长。最后冬瓜成熟了，被压的冬瓜只长到正常冬瓜一半大小，但它的皮很坚硬，用刀切不开，用斧子劈不破，最后是用电锯把它锯开的。锯开以后，科学家们惊讶地发现，冬瓜的瓤，早已经变成结实的纤维丝，粗壮得跟细绳一样。

不论你是身处顺境还是逆境，都是外因，是要靠内因来起作用的。顺境中的人容易受迷惑，他们往往贪图享受，不知奋进，不知道苦难为何物。而没有志向，没有进取心的人，又怎么能成才呢？逆境中的人就不同了，他们饱受磨难，一次次与命运和困难作斗争，为走出逆境，大多都树立了远大的志向和坚定的目标。人没有压力不抬头，没有动力不奋进，如果二者兼备，就会发挥出令人吃惊的潜能。这正是顺境中的人一般所不具备的。

人不可能一出生就在聚光灯下成长，很多成功人士都有一段蛰伏地下的艰难岁月，正像蘑菇一样，那段岁月对成功者而言是一笔宝贵的财富。

蘑菇长在阴暗的角落里，得不到阳光，也没有肥料，自生自灭，只有长到足够高的时候才开始被人关注，可此时它自己已经能够接受阳光了。

据说，"蘑菇定律"是20世纪70年代由一批年轻的电脑程序员"编写"的。这些天马行空、独来独往的人早已习惯了人们的误解和漠视，所以在这条"原则"中，自嘲和自豪兼而有之。总之，那是一段很不愉快的日子。

成功的路很艰辛，并不是一帆风顺的，有很多的坎坷，有很多的无奈，有寂寞，有孤独……当你苦苦追求时，却还看不到成功的希望，这时候，成功与否就要看你是否耐得住寂寞，能否守得住心中的那份执着。

忍耐的智慧

身处逆境中的你要学会忍耐，沉得住气，受得起委屈，坐得住冷板凳。面对人生横逆或困境时所持的态度，远比任何事都来得重要。